生活感
美食短视频

旧食 微尘 著

人民邮电出版社
北京

图书在版编目（CIP）数据

生活感美食短视频 / 旧食，微尘著. -- 北京：人民邮电出版社，2023.9（2024.5重印）
ISBN 978-7-115-62045-3

Ⅰ．①生… Ⅱ．①旧… ②微… Ⅲ．①视频制作
Ⅳ．①TN948.4

中国国家版本馆CIP数据核字(2023)第121503号

内 容 提 要

本书是美食短视频拍摄与制作的教程，详细讲解了短视频的脚本写作、场景布局、影调分类、拍摄设备选用、光线运用、后期剪辑等内容。

高质量短视频的拍摄与制作离不开详细、合理的脚本设计，本书第一章介绍了短视频脚本的写作方法，为创作美食短视频构建了坚实的框架；第二至三章讲解了场景布局以及拍摄视角、影调风格的确立，为美食短视频拍摄提供了视觉上的参考和借鉴;第四章则从硬件的角度解析了美食短视频的拍摄设备及相关配件；第五至八章介绍了自然光源和人造光源的不同布光方式，并通过两个实拍案例展示了在这两种光源下完整的短视频拍摄流程;第九章结合剪映专业版，简要讲解了短视频剪辑的思路及流程。

本书适合美食爱好者、美食短视频创作者、美食摄影师阅读与参考。

- ◆ 著　　　　　旧　食　微　尘
  责任编辑　王　汀
  责任印制　陈　犇
- ◆ 人民邮电出版社出版发行　　北京市丰台区成寿寺路 11 号
  邮编　100164　　电子邮件　315@ptpress.com.cn
  网址　https://www.ptpress.com.cn
  北京九天鸿程印刷有限责任公司印刷
- ◆ 开本：690×970　1/16
  印张：14.5　　　　　　　　　　2023 年 9 月第 1 版
  字数：260 千字　　　　　　　　2024 年 5 月北京第 3 次印刷

定价：89.00 元
读者服务热线：(010)81055296　印装质量热线：(010)81055316
反盗版热线：(010)81055315
广告经营许可证：京东市监广登字 20170147 号

前言

在流动的画面里，尽是清欢

我是旧食，美食静物摄影师，生活美学的分享者。

出版这本书，缘于我和微尘老师此前合著的《故事感美食摄影》，同样是营造烟火气的美食摄影美学，二者的不同之处在于，前一本书是关于静态图片的拍摄，这本书则是关于生活感视频的创作。一静一动，二者成了记录生活的完美搭档。

视频如日记——无论是随手拍的vlog，还是精心制作的美食影像，无论是晨昏日暮的琐事，还是天南地北的行走中以食物串联起来的故事，都有着各自独特的情绪语言，都是生活的缩影。所以"生活感"就是美食短视频最平和温暖的样子。

写作本书时，我梳理了旧食课堂8年来美食视频课的精髓脉络，分章对其进行解读。从前期的脚本写作、场景、布局、影调分类，到拍摄时决定成败的细节，再到一步步拆解的实拍案例，都适合反复阅读与感受，若依照其中思路进行实践，便可心得满载。

我常对学生说，美食视频就是一部"生活电影"，它没有太多复杂的拍摄手法和公式，你要与生活共情，然后耐心地拼接那些琐碎温暖的细节。镜头里的各色烟火、柴米油盐，就是我们的日子，它那么平凡又真实地存在着，等待着我们去发现、去记录、去热爱。

感谢编辑王汀的再度邀约，让这本书得以与读者见面。感谢每一个真诚地支持与帮助我的人，特别是好友凡小鱼始终在提醒我，要让书里的"生活感"更质朴自然，要用最真实的日子去触动读者拍摄的欲望。

是啊，本就是因为生活太温柔，所以我们才想去记录它。

旧 食

2023年春于北京

旧食

每一帧都值得热爱

我是微尘，旧食课堂美食视频课讲师，本书的作者之一。

和旧食老师一起完成本书时，我们的分工一如既往——我负责撰写书中关于拍摄设备与布光的部分，旧食老师则负责完成关于影调风格、拍摄思路、脚本和美学的部分。理性与感性的碰撞造就了本书珍贵的价值。

作为旧食课堂的灯光讲师，多年来，我在美食视频课上为学生展示了大量的布光案例——用人造光模拟午间庭院中的光、深夜食堂厨房里的光、窗边餐桌上的氛围光、早餐时分食物上温暖的光……这些各不相同的光线效果为生活感视频带来了更多风格与可能。

很多不了解布光的学生会觉得用人造光源布光是一件很难的事情，其实认真看完本书你就会发现，利用光线在作品中营造氛围感并没有那么复杂，你只需要雕琢气氛的合理性，调整光线所带来的情绪感。光线为生活感视频的场景带来了不同的烘托和点缀效果，它们能够实现黑夜如昼——让你实现无时差创作，也会境随心转——随着你的拍摄意向的改变而改变风格。

在本书中，我加入了完整的实拍案例，这是旧食课堂的一部分，也是创作中对我来说最大的快乐。我将它分享给你，愿你也能有所感、有所得。

在创作本书的过程中，感谢编辑王汀给予的包容和支持；感谢旧食课堂的同学们一边听我讲课，一边辅助我完成书中的场景拍摄；感谢旧食课堂的袅袅老师，还有与我相识30余年的"铁磁搭档"旧食老师。灯光与布景、脚本与文案需要相互成全，才会构成最终烟火气十足的作品，这是我们共同的灵感集合体，于我，永远是珍贵的礼物！

在美食短视频的小世界里，每一帧都值得热爱，一如生活。

微 尘

2023年阳春三月于北京

微尘

目录

第七章　百变灯光，人造光源在美食短视频拍摄中的应用

第八章　光影味道，人造光源短视频实拍案例

第九章　剪映专业版后期剪辑入门

后记

第一章

框架先行，
短视频脚本写作

　　拍摄短视频前要先写脚本，这是不可或缺的——把拍摄思路、拍摄流程、短视频架构和分镜头等都罗列出来。这一步就像是绘制建筑图纸，有助于我们在拍摄时"按图施工"，不会手忙脚乱，不会遗漏关键环节。有了好的架构支撑，我们拍摄时的思路会更广阔，也会更灵活。美食短视频脚本本身就是美食色、香、味的浓缩，因此我们先来寻找难能可贵的"食色画面感"。

统领全局的梗概思维

　　拍摄思路决定着一条短视频的脉络走向，学会如何构思，是我们要迈出的第一步。

1. 编写脚本前要确定的几件事

（1）确定拍摄风格

　　美食短视频的常见风格从色调上可以粗略地分为"亮调""暗调""中间调"。亮调短视频的关键词可以提取为"清新明亮"（图1-1）和"自然系生活感"（图1-2）；暗调短视频的关键词多是"复古"（图1-3）、"概念"（图1-4）、"深夜食堂"（图1-5）；中间调的运用较为广泛，中间调短视频的关键词可提取为"家常"（图1-6）、"餐桌美学"（图1-7）、"新中式"（图1-8）。关于这些风格的详细内容，会在本书第三章展开讲解。

图1-1

图1-2

图1-3

图1-4

图1-5

图1-6

图1-7

图1-8

（2）确定剪辑时长

美食短视频的剪辑时长是指最终呈现的作品的播放时间长度。在撰写脚本之前确定成片时长能让我们明确需要拍摄的镜头数量。

比较适合生活感短视频的时长大致包括60秒、30秒、15秒这3种。

60秒属于短视频时长的"相对上限"，时长超出60秒的视频通常会被归类为中视频。美食短视频在60秒内可以完成详尽叙事，能够完整表达食物背后的深层故事，给立意升华留出足够时间。图1-9为60秒时长美食短视频截图，扫描本页二维码观看完整视频。

30秒左右在目前的短视频平台中属于比较普遍的播放时长，它既可以把食物的重点呈现完整，又可以在观众产生视觉疲劳前完成播放，使观众瞬间共情。图1-10为30秒时长美食短视频截图，扫描第21页二维码可观看完整视频。

扫码观看视频

图1-9

扫码观看视频

图1-10

15秒左右的美食短视频可以快速直接地表述核心重点，省略很多关于渊源追溯、立意延伸和故事铺垫等内容，简明扼要地表现美食最诱人的一面。图1-11为15秒时长美食短视频截图，扫描本页二维码可观看完整视频。

扫码观看视频

图1-11

以拍摄一段与中式面点有关的短视频为例，那么60秒左右的短视频可以包括从面点构思到完整的制作过程，再到成品的口感表现等内容，其间可以设置故事线，让面点制作更剧情化（图1-12，扫描图侧二维码观看完整视频）；而30秒左右的短视频则会提取一些制作重点，通过表现做好的面点口感吸引观众，故事线也会相对弱化（图1-13，扫描图侧二维码观看完整视频）；如果用15秒左右的短视频去表达，可以只展示核心制作步骤，多抓取诱人瞬间（图1-14，扫描图侧二维码观看完整视频）。

这3种剪辑时长并不是一成不变的，创作者可以根据立意需要和不同平台的标准自定义剪辑时长——感性创作，理性调整。

图1-12

图1-13

扫码观看视频

扫码观看视频

图1-14

（3）确定镜头数量

有了对美食短视频剪辑时长的认知，我们在编写脚本时，就能够对镜头数量有一定的把控。一般而言，25个以内的镜头数量可以满足绝大多数60秒左右的生活感美食短视频的制作需求。至于拍摄30秒左右和15秒左右的短视频，镜头数量可以按照比例推算。

确定镜头数量后，我们在进行脚本创作时就不会天马行空，这样也可以避免在剪辑时才发现镜头素材不够的尴尬情况。

（4）确定拍摄版面

美食短视频的拍摄版面分为横版和竖版，简单来讲，相机横向拍摄时即采用横版（图1-15），相机竖向拍摄时即采用竖版（图1-16）。

扫码观看视频

通常情况下，相机在横向拍摄时默认使用的视频画面比例是16∶9，竖向拍摄时默认使用的视频画面比例是9∶16，我们也可以通过后期剪裁得到其他比例的画幅。

在线下教学时，经常会有学生问到横版短视频和竖版短视频有什么不同。横版着重表现场景感、电影感（本页右上方二维码），竖版则旨在突出主体在场景中的表现力（本页右下方二维码）。当然，根据拍摄题材的不同和不同平台的要求，创作者可以灵活运用横版和竖版。

扫码观看视频

图1-15

图1-16

2. 关于画外音

在短视频的声音中，声源不在画面内的，不是由画面中人或物直接发出的声音都属于"画外音"，它像是对短视频内容的注解与补充，可以引导观众就短视频的立意产生共情。

生活感美食短视频的画外音形式可以分为以下4种。

分镜解说：即画外音的每句话都与当前播放的画面相关，此类画外音适用于美食教程、生活好物分享等表达相对客观的短视频。（图1-17，扫描本页二维码观看完整视频）

扫码观看视频

图1-17

图1-17

"自说自话"：此类画外音通常并不直接表述短视频画面的内容，也不会随着画面切换主题，而是表达观点、感悟，分享心得，属于相对主观的表述。（图1-18，扫描本页二维码观看完整视频）

图1-18

扫码观看视频

无人声无现场音效：在美食短视频中，有一类短视频在播放时没有人声作为旁白，也没有现场音效，而是以背景音乐贯穿画面。此类短视频多为欣赏类短视频，适合在嘈杂的场所播放，用画面去吸引受众群体。（图1-19，扫描本页右上方二维码观看完整视频）

扫码观看视频

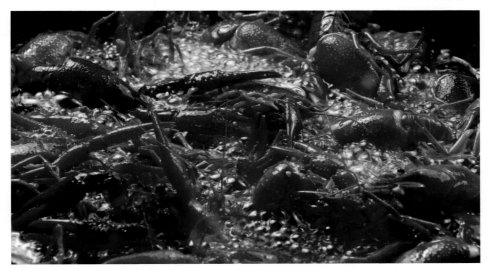

图1-19

无人声有现场音效：此类美食短视频中依然没有人声作为旁白，但是保留了现场的声音效果，例如切菜声、倒水声、炒菜声、热水沸腾声等，这样的短视频更能突显美食本身的料理过程，也更能体现特定的氛围感和专注的生活感。（图1-20，扫描本页右下方二维码观看完整视频）

扫码观看视频

图1-20

3. 梗概清单

美食短视频的脚本梗概是指在创作短视频前要明确的一些事项，大家在每次拍摄前都可以对照以下清单进行确认。有些事项在本书后面章节会有详细分享，所以大家在循序渐进地看书学习的同时也可以反复回顾这个清单进行对照思考。

视频风格

拍摄主题

剪辑时长

版面画幅

有无人物

画外音

背景音乐

拍摄思路

剪辑思路

风格参考

分镜头脚本的拆写方法

编写分镜头脚本是我们创作短视频必不可少的前期准备工作。分镜头脚本就好比建筑蓝图，它是现场拍摄的依据，也是后期制作的基础。

1. 分镜头脚本写作思路

美食短视频的分镜头脚本写作思路多以美食的制作步骤为基础，在此之上进行情节与风格的塑造。

（1）制作步骤贯穿

以制作步骤为基础是目前大多数美食短视频的分镜头脚本的主要写作思路。在编写分镜头脚本前把制作这道美食的菜谱按顺序罗列出来，依照美食制作步骤拆写分镜头脚本，让观众既能直观了解到美食的制作流程，又不易产生逻辑混乱感。（图1-21，扫描本页二维码可观看示例视频）

扫码观看视频

图1-21

（2）故事线贯穿

如果说分镜头脚本写作思路是一棵树的主干，那么故事线就是这棵树的旁枝，也是人们常说的"包装与人设"。对于分镜头脚本的写作，我们不但要思考"做什么""怎么做"，还要根据自己的需求去思考"谁来做""在哪里做"。以故事线贯穿的分镜头脚本写作思路并没有框架，唯独需要注意的是，无论怎样"包装"，充分表现食物依然是美食短视频的重中之重。例如这条以粽子为主题的短视频广告（扫描本页二维码观看完整视频），以亲情作为贯穿全片的故事线来烘托产品的特质，但内核依然是粽子的料理过程与食材的展示（图1-22）。

扫码观看视频

图1-22

2. 分镜头脚本拆写技巧

拆写分镜头脚本也就意味着这条美食短视频在你的脑海中已经开始上演，你需要把设想的一幅幅画面描述出来（图1-23），再结合摄影师视角去观察它、感受它。一个完整的短视频分镜头脚本中有具象的画面和完整的过程。相信我，这会让人沉浸其中。

图1-23

（1）碎片化拆分

在拆写分镜头脚本之前，要先学会拆解动作。举个例子，写一段主题为"炒蛋"的美食短视频分镜头脚本，你可以将其拆分成多少个镜头？

也许你会说："很简单啊，按照制作步骤来写，这道菜需要多少道制作工序就拆分成多少个镜头。"具体如下。

镜头1：将鸡蛋打散

镜头2：加入葱花和盐

镜头3：往锅里倒油

镜头4：倒入蛋液

镜头5：炒好的鸡蛋出锅

…………

如果按照这样的分镜头脚本拍摄，无论是30秒还是60秒的短视频，恐怕都会因为素材数量不够而无法剪辑出预期时长。

你看，采用平铺直叙的手法往往就是观众觉得短视频"索然无味"的原因之一，我们不妨尝试这样拆解。

镜头1：伸手从前景中的容器里拿起鸡蛋

镜头2：将鸡蛋在碗沿上轻磕一下

镜头3：用手将鸡蛋掰开，蛋液落下

镜头4：蛋液落入碗中的状态

镜头5：手拿筷子搅打蛋液

镜头6：将搅打好的蛋液放在前景

镜头7：伸手拿起小葱

镜头8：切葱花

镜头9：葱花落入蛋液的状态

…………

　　写到这里，分镜头脚本还没有拆写完，后续依然可以按照此方式进行拆分。不知道你有没有看出其中的逻辑，注意看镜头1、6、7，演员在画面中都做出了把食材/容器放在前景，或者从前景拿取食材/容器的动作，这就是分镜头脚本拆写的一个技巧，叫作"前景取物"和"前景置物"。通过放下或者拿起的动作，把平铺直叙的镜头打断，做了软性的填充，美食短视频就在这样的动作衔接中增加了看点。

　　另一个技巧是戒掉拍摄长镜头的习惯。我们需要知道，美食短视频的每一个镜头素材的录制时间都不会很长，生活感美食短视频更是如此。我们可以把每一个动作按照"食材本身是否需要单独展现""是否需要拿起或放下食材""是否需要表现食材变化的状态"等思路进行拆写，对每个制作步骤做碎片化拆分，打破一镜到底的习惯。慢慢地我们会发现，我们的创作思路不再单一，编写的分镜头脚本也更有画面感了。

（2）点睛之笔——空镜头

　　学会碎片化拆分分镜头脚本后，我们继续向美食短视频的分镜头脚本里增添能引起观众共情的画面——空镜头（图1-24）。

图1-24

　　常规的短视频中，空镜头又叫作"景物镜头"，是指画面中没有人物出现，只有景物的更迭变化的镜头。空镜头是摄影师阐明内容脉络、叙述故事情节、抒发感情的重要手段。在美食短视频中，空镜头的运用多数是为了实现短视频画面的过渡转场、说明料理食物需要一定的时间、突出强调视频风格时的艺术化呈现或者表达某种情绪时的写意感。一般而言，空镜头可分为景、物、人3种表现方式。

　　景：生活感美食短视频空镜头里的景色，多数是为了体现演员所处的环境，它不一定是山川湖海，可以是穿透树叶缝隙的阳光，可以是微风里轻轻摇曳的花朵，也可以是山村屋顶上的袅袅炊烟，或是窗外的建筑、树木、车辆等，这些景色可以让观众产生身临其境的代入感，我们可以通过这样的空镜头去表现季节、天气、地域等。（图1-25~图1-27）

图1-25

图1-26

图1-27

物：美食短视频空镜头里的物，多数是指静物和动物。它可以是桌面上晃动的摆件、窗边飘动的风铃（图1-28）、嘀嘀嗒嗒转动的时钟、旋转着的八音盒，也可以是一只抬头张望的猫咪（图1-29）、乖巧回眸的狗狗、羽翼丰满的鸟。以上只是示例，我们可以通过这样的空镜头去抒发情感，隐喻时间。拍摄时选取的画面中的物最好是运动的，如果是静止不动的，则需要运用镜头运动去实现画面的动态感。

图1-28

图1-29

人：和其他视频不同，美食短视频空镜头里可以有人物出现，只是人物所做的事情与分镜头脚本主线关系不大。例如这样的画面：镜头对焦在前景中的汤锅上，人物在焦外虚化处忙碌（图1-30）。这样的空镜头不但表现了料理美食需要一定时间，也让画面元素与主题不脱节。除此之外，还可以运用多人的手部动作在镜头里的表现拍摄空镜头，以增强美食短视频的"家庭氛围感"（图1-31）。

空镜头在短视频中起到了画龙点睛的作用，它让短视频有了影视艺术感和情境感，也有了更生活化的情绪感。需要注意的是，以上几类空镜头可以根据情节穿插运用，空镜头与常规镜头可以互补，但空镜头不能替代常规镜头，要时刻注意空镜头不能偏离拍摄主线。

图1-30

图1-31

（3）抓住"前3秒"

如果说一部电影的吸引力取决于前3分钟，那么美食短视频的吸引力就取决于前3秒——当然这里只是借此说明美食短视频开篇镜头的重要性。

美食短视频的王牌，无外乎"美食"，所以在编写分镜头脚本时，可以把美食最诱人的一镜安排在开篇，先用美食画面留住观众，然后按部就班地表述下去，这样做可以直观地刺激观众的食欲。这也是为什么很多美食短视频把做好的成品放在开篇（扫描第47页二维码观看示例视频）。观众能不能耐心看下去，取决于开篇镜头的吸引力。（图1-32）

美食短视频的开篇镜头往往是在剪辑时从已经录制完成的素材片段中提取的，并不一定需要单独录制。找到最吸引人的一个或者几个镜头作为开篇镜头，可以带来足够的视觉诱惑力。

开篇镜头的播放速度根据美食短视频风格和节奏而定，可快可慢。在录制短视频的过程中，我一般会在展示最终的美食成品时多录制几段不同角度的素材，以供剪辑时提取开篇镜头使用。

图1-32

扫码观看视频

3. 分镜头脚本必不可少的经典元素

　　一路学习到这里，我们已经了解了美食短视频脚本写作的几大核心技巧——碎片化拆分、拍摄空镜头和提取开篇镜头。掌握了这几项技巧，相信你已经可以搭建一个合格的短视频脚本框架了。除了这些感性层面的创作之外，我们还需要从摄影师的角度出发，用理性的思维去为分镜头脚本填充一些元素。下面我们来简单了解一下它们。

　　（1）景别

　　景别通常是指被摄对象在画面中呈现出来的范围大小的区别。在美食短视频中，常用的景别有4种——全景、中景、近景、特写。我们不妨把这些景别的变化理解为相机向被摄对象由远及近运动的过程。下面就以一条美食短视频中的不同画面为例进行说明。

　　全景可以指对外部大环境进行交代，也可以指在拍摄场景中，人物全身出镜或者半身及脸部出现在画面中（图1-33）。

图1-33

若以画面中的人物作为参照，镜头向前推进，当人物半身出镜但脸部不出现时，此时的景别为中景（图1-34）。

图1-34

镜头继续向前推进，当画面中只有人物的手腕及手部动作时，这时的景别为近景（图1-35）。

图1-35

镜头继续向前推进，当画面中只有食物的细节时，此时的景别为特写（图1-36）。

景别的变化可以丰富画面的视觉效果。根据我个人的拍摄经验，相同的景别尽可能不要连续出现4次以上，否则会使观众极容易产生视觉疲劳。所以在拆写分镜头脚本时，一定要留意景别的安排。

图1-36

（2）视角

美食短视频中的视角，是指摄像机与被摄对象之间的角度。

在美食短视频创作中，常用的视角有平视角、45度视角等，这些视角可以根据布景风格与光位的不同进行细化拆分。在本书第二章中，我会结合布景风格详细讲解这部分内容。

（3）光位

在线下教学中，美食短视频中的光位是困扰很多学生的问题。其实我们可以这样理解光位——摄像机和光线方向之间的位置关系。

在美食短视频中，常用的光位有顺光、侧面光、侧逆光和逆光。不同的光位会为美食短视频带来不同的画面效果，不妨通过一些美食短视频的截图来观察不同光位的视觉效果。

顺光：当光线与拍摄方向一致时，此时的光位称为"顺光"。顺光下主体比较明亮，但是缺少轮廓感，此光位通常用作补充光位，一般不作为主光位来使用（图1-37）。

图1-37

侧面光：当光线与拍摄方向呈90°左右的夹角时，此时的光位称为"侧面光"。侧面光下主体的明暗面比较均衡，此光位在美食短视频中较为常用（图1-38）。

侧逆光：当光线与拍摄方向的夹角在90°～180°时，此时的光位称为"侧逆光"。侧逆光下主体有了轮廓光，增强了画面的情绪感，此光位是生活感美食短视频比较常用的光位（图1-39）。

逆光：当光线方向与拍摄方向相对时，此时的光位称为"逆光"。逆光下主体前侧很暗，但剪影感较强，此光位适用于一些表现写意感的镜头，很多时候需要结合补光使用，以避免主体前侧过暗（图1-40）。

在第五章中，我们还会对光位进行详细说明。

图1-38

图1-39

图1-40

（4）镜头运动

美食短视频的画面动态有3种表现形式。一是画面里的人或物在动，而镜头不动，这叫作"固定镜头"；二是画面里的人或物都是静止的，但是镜头在动（图1-41）；三是画面中的人或物在动，镜头也在动。后两种表现形式叫作"运动镜头"。

镜头运动可以根据拍摄方式的不同，简单划分为推、拉、摇、移。

推：即镜头向前推进，离被摄主体越来越近。

拉：即镜头向后移动，离被摄主体越来越远。

摇：即镜头上下或者左右滑动。

移：在美食短视频中通常指的是镜头平移。

图1-41

（5）音效

在拍摄美食短视频时，制作美食会产生一些声音，如盖上锅盖的声音、将杯子放在桌子上的声音、汤在锅中沸腾的声音、切菜的声音等，这些真实的环境音随着画面一同被录制下来（图1-42），用在美食短视频中，它们被称为"音效"。适当加入一些音效会让生活感美食短视频更贴近现实，更有氛围感。

图1-42

（6）升格镜头

"升格"这个词听起来也许有些陌生，但是如果说"慢动作"，大家就恍然大悟了吧。短视频中的升格镜头指的就是拍摄画面时的帧速率远大于播放帧速率，从而形成的画面慢放效果（图1-43）。升格镜头在短视频中的穿插应用会起到推升情绪的作用，也可以整条短视频都用升格镜头来制作。

图1-43

案例：《荠菜馄饨》短视频脚本

本章介绍了生活感美食短视频的脚本写作方法，下面附上一个完整的短视频脚本和依据这个脚本拍摄的短视频（扫描第61页二维码观看完整视频），供大家参考。

大家不妨做这样的尝试：参考我给出的脚本，自己草拟一个短视频脚本，但不要急着去拍摄，随着对本书内容的进一步阅读，一点一点把这个脚本填充完整。后续章节中，我会非常详细地分享视频拍摄的光位、视角、布景、布光、音效、镜头运动等内容，让你的脚本从无到有，再到成片。

《荠菜馄饨》短视频脚本

剪辑时长：60秒

淡入

开篇镜头1：演员端起装有馄饨的竹匾，轻轻摇晃
开篇镜头2：拿起一片馄饨皮迎着光线轻轻甩动
开篇镜头3：汤锅里的水开了，散发着热气
开篇镜头4：将煮好的馄饨舀起一勺，字幕出现

镜头1：将清洗干净的荠菜装在容器中，放在桌面上
景别：近景　　视角：45度视角

镜头2：将焯好水的荠菜捞出
景别：近景　　视角：45度视角

镜头3：将放在纱布里的荠菜拧干
景别：中景　　视角：平视角

镜头4：搅拌碗里的荠菜肉馅
景别：特写　　视角：45度视角

镜头5：拿起馄饨皮迎着光线轻轻甩动
景别：近景　　视角：平视角

镜头6：将成沓的馄饨皮甩动一下，放到案板上
景别：中景　　视角：平视角

镜头7：包馄饨的场景
景别：中景　　视角：平视角

镜头8：包馄饨的手部动作
景别：近景　　视角：45度视角

镜头9：将包好的馄饨放在前景中
景别：特写　　视角：平视角

镜头10：将馄饨放在竹匾中，用手轻轻摇晃竹匾
景别：中景　　视角：平视角

镜头11：汤锅中热气蒸腾，演员走过来打开盖子
景别：中景　　视角：平视角

镜头12：向锅内连续放入馄饨
景别：中景　　视角：平视角

镜头13：向已经放好调味料的碗中加入紫菜
景别：特写　　视角：45度视角

镜头14：从前景中拿起虾皮
景别：特写　　视角：45度视角

镜头15：将虾皮放入碗中
景别：近景　　视角：45度视角

镜头16：向碗中舀入馄饨
景别：中景　　视角：45度视角

镜头17：将一碗馄饨放在前景中
景别：近景　　视角：45度视角

镜头18：馄饨冒着热气的写意画面
景别：特写　　视角：平视角

镜头19：用勺子舀起一个馄饨
景别：特写　　视角：平视角

淡出

扫码观看视频

第二章

步步为营，
场景布局及拍摄视角

拍摄生活感美食短视频时需要通过布景营造相应的氛围，布景思路在风格化表达中显得尤为重要。而与布景思路紧密相关的就是运用不同的拍摄视角表达不同的情绪，让短视频画面更具看点。本章会对以上两大关键环节进行详细解读。

美食短视频场景搭建思路

在拍摄美食短视频之前，除了编写脚本之外，场景搭建也是尤为重要的准备工作。如果把完整的美食短视频比喻成建筑，脚本比喻成图纸，那么场景就直接决定着建筑风格。很多人对美食短视频的场景搭建有一些错误认知，以为美食短视频需要在很大的厨房，甚至很大的用餐环境中才能拍摄。其实，只要巧妙地转换思路，我们在小空间里也一样可以搭建出想要的场景（图2-1）。在课堂上，我经常告诉我的学生："美食短视频的场景搭建就像玩'过家家'一样，既要严肃又要活泼。"我们既要忠于生活的场景架构，又要跳出框架，学会因地制宜、就地取材。

图2-1

1. 前后借景

　　前后借景是指料理台在前，演员在中间，背景放置架子、柜子或者桌子，以营造家居或者厨房的氛围感（图2-2）。之所以要进行前后借景，是因为在拍摄生活感美食短视频时，太过简单的背景会弱化"居家"氛围，需要通过实景来增强真实感（图2-3）。图2-4的背景为纯色，图2-5的背景中有家居陈设，两者相对比，很明显后者更有场景感与生活感。

架子、柜子或者桌子

演员

料理台

摄影师位置

图2-2

图2-3

图2-4

图2-5

2. L形场景搭建

在拍摄美食短视频时，并不是每次都从演员的正前方取景，L形场景布局的思路正是在此基础之上产生的（图2-6）。在制作美食的料理台一侧放置一个架子、柜子或者一张桌子，在此类家具上摆放锅碗瓢盆、厨用小家电等作为填充，这样即使从演员的斜前方取景，画面中也能体现出浓郁的生活气息（图2-7）。

无论是前后借景还是L形场景布局，我们都可以通过调整背景区域摆放的道具风格来改变场景氛围。例如，如果想要打造厨房等场景，那么背景区域就可以摆放餐具、锅具、厨用家电、厨房刀具等相关元素；如果想要打造餐厅等场景，那么可以在背景区域填充一些比较能彰显生活惬意的元素，如杯具、花瓶、音箱等。创作者可以根据自己的需求在此基础之上打造出各种场景。这两种布局思路可以单独应用，也可以组合应用，目的是让美食短视频的画面更丰富。

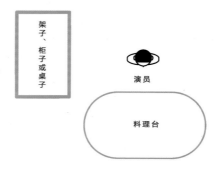

图2-6

图2-7

3. "露白"与"留白"

由于美食短视频每一帧画面都有动态元素，因此在布景时要格外注意"露白"与"留白"。

简言之，露白是场景的"空"，而留白是场景的"空间联想"。在图2-8中，露出的桌面上没有关联元素与道具，这会使人在视觉上觉得空荡荡的，这就是场景的露白。而图2-9中上方区域留有一定的空间，但却不会使人觉得空荡荡的，反而会增强画面的空间感，这就是场景的留白。在为拍摄美食短视频布景时，创作者需要根据拍摄视角的变化来调整场景元素，使每一个镜头都贴合主题。

图2-8

图2-9

4.场景借位

拍摄美食短视频时，每一个镜头都是独立的，这就意味着我们可以根据拍摄角度、光位去改变演员的位置，这种手法叫作"借位"。

例如拍摄切菜场景时，演员离镜头太远了，这时就可以让演员靠近镜头，以便摄影师找到最合适的拍摄角度。与其说这是一种布景思路，不如说是一种思维逻辑的转换。场景借位时需要注意的是，要根据演员位置的变化，对桌面上的道具进行角度的调整，避免"穿帮感"。扫描本页右上方二维码，仔细观察短视频中出现了几处场景借位。

另一种场景借位的思路是为画面制造前景，这是与摄影手法相结合的布景思路，可以使蔬菜、窗格、瓶罐等靠近镜头以制造前景，从而让画面更贴近美食料理的真实场景。扫描本页右下方二维码，看一下短视频中有哪些镜头运用了前景借位思路。

不同拍摄视角带来的情绪（味觉）体验

　　生活感美食短视频的拍摄视角（图2-10），是影响视频观赏性的重要元素，熟悉每一种拍摄视角带来的情绪体验，能够帮助我们更好地表现食物的色、香、味。

图2-10

1. 平视角

与静态摄影一样，美食短视频拍摄的平视角也是指镜头与被摄主体在同一水平线上（图2-11）。运用平视角取景时可远可近，近处取景可以突出被摄主体，远处取景可以表现当下被摄主体与场景的关系。

在拍摄美食短视频时，平视角还适用于空镜头的拍摄（图2-12）。

图2-11

图2-12

2. 仰视角

　　在平视角取景的基础之上，把相机放低，再把镜头向上抬起，就形成了美食短视频拍摄的仰视角。运用仰视角取景时，镜头通常低于桌面，这样向上拍摄更能体现人物动作或者人物手中食材的独特性（图2-13）。仰视角是拍摄美食短视频时相对小众却很有风格的取景角度。

图2-13

3. 垂直俯拍视角

　　相机垂直向下拍摄场景时形成的角度，就是垂直俯拍视角。在生活感美食短视频中，垂直俯拍视角通常用于展示场景中的食材或者锅中料理的状态，它能够给人带来总览全局的视觉感受（图2-14）。

图2-14

4. 同方位俯拍视角

在垂直俯拍视角的基础上，如果画面下方有人物的手部动作介入，这种视角就叫作同方位俯拍视角（图2-15）。运用同方位俯拍视角取景就像采用第一人称进行写作，能给观众一种总览全局的感受，同时也能让短视频的镜头语言更有生活感。在美食制作教学视频中经常会出现同方位俯拍镜头。

图2-15

5. 45度视角

在美食短视频中，45度视角是应用最多的视角之一。它并不是指某个固定角度的视角，而是指垂直俯拍视角和平视角之间的所有视角。

45度视角在美食短视频拍摄中之所以应用广泛，是因为它最接近我们坐在餐桌旁低头看向食物的角度。在这个角度下，我们既能感受到场景的氛围，又能很好地欣赏食物并且产生食欲。这让45度视角更生活化，也更具"家常烟火气"（图2-16）。

在此前出版的《故事感美食摄影》一书中我曾提及，运用45度视角取景时，场景布局需要适当地"满"，这种"满"会让画面更有看点。拍摄美食短视频也是如此，我们要格外关注运用45度视角取景时场景中有没有相应的元素与主题呼应。

图2-16

6. 过肩视角

在45度视角的基础之上，从人物肩膀与脖颈之间向下取景（图2-17），或者从人物肩膀与手臂之间的区域向下取景（图2-18），就形成了过肩视角。这种视角有一种"窥探属性"，若用于拍摄美食短视频，可以让观众有身临其境的现场感。

以上就是美食短视频的常用拍摄视角。需要注意的是，美食短视频很少会使用同一视角一拍到底，一条完整的美食短视频是由多个不同视角的镜头组合而成的。我们需要进行大量练习，体会不同视角带来的画面效果和情绪感受。

图2-17

图2-18

第三章

思维提升，
美食短视频的影调分类及共情

在美食短视频中，不同的影调会带给观众不同的感受。本章以美食短视频的影调为主线，划分出不同的风格。

美食短视频拍摄和静态摄影一样，其影调也分为亮调、暗调、中间调，但每种影调又会因为表现方式的不同而有不同的详细分类。

亮调：在明媚的日子里，记录三餐四季

亮调美食短视频多呈现出清新自然的风格，画面中要么是干净的浅色系餐具，要么是阳光下的美食，带给观众轻松愉悦的视觉感受（图3-1）。

1. 轻松的亮白色

亮调美食短视频的一种色彩风格是白色系——场景中用白色墙面、白色桌椅作为背景，浅色或者透明的餐具点缀其中（图3-2），布景可繁可简，表达的都是"毫无心事"的轻松感。白色系风格的短视频在美食领域多用于表现甜品、宝宝辅食、咖啡饮品等，画面干净简洁。

其中亮白色美食短视频的情绪语言相对明快，它没有复杂的光影，没有情绪的互动，在轻松的配乐里时光倏忽而过，像一阵轻快的风。对于多数亮白色美食短视频，布光时使用的是软光，画面中阴影很淡，整体营造出清新柔和的视觉效果。

图3-1

图3-2

2. 阳光下的美食

　　亮调美食短视频的风格不止白色系，还有阳光感（图3-3）。这类美食短视频多表现早晨或者上午时段，阳光烘托出食物的形态；或庭院里阳光下的美食——可以在真正的庭院里拍摄，也可以通过在室内搭建类似庭院的场景并结合布光来完成拍摄（图3-4）。在这两种场景下，可以拍摄的美食种类很多，几乎没有太多限制。

　　美食短视频里的"阳光"不一定是自然光，也可以用人造光源创造。阳光感美食短视频可使观众感受到生活的朝气，进而产生愉悦的心情。

图3-3

图3-4

暗调：美食短视频的"孤独美学"

如果说亮调美食短视频的情绪基调是轻快的，那么暗调美食短视频则具有"孤独"的情绪基调。这里说的孤独不是孤单，而是一种与自己相处的方式。暗调美食短视频的光感表现通常是黑或灰在画面中占据很大比例（图3-5）。下面一起看一下暗调的分类。

图3-5

1. 深夜厨房感

　　说到"深夜发吃"这件事，想必绝大多数人都知道它的威力有多大吧。夜深时人容易饥肠辘辘，美食在这个时段出现是很撩人的，所以才会有"宵夜"，才会有"深夜食堂"。而在夜晚光感的环境中拍摄的美食短视频，具有一种独特的风格（图3-6）。

　　深夜厨房感的美食短视频需要人造光源的介入，去为夜色中的厨房营造光感，确保美食制作过程能清晰呈现（图3-7）。

图3-6

图3-7

2. 纯粹的暗色光感

　　与"深夜食堂"给人的感受不同，有一种暗调美食短视频虽然光感很弱，但并不一定是在营造夜晚氛围。和静态的美食摄影一样，此类短视频通过对光线的约束，让场景里的环境光很暗，而食物却保持着"暗调不暗"的光感（图3-8、图3-9），再结合适当的音效，更能突出安静的氛围。

　　这样的暗调风格的短视频中，背景通常不会搭配过多的空间元素，多通过暗色的墙壁或者黑色植绒布压暗环境来营造出纯黑色，并用这样纯粹的"暗黑"去突出桌面上的食物。

图3-9

图3-8

中间调：岁月不语，无事小神仙

　　中间调是美食短视频中应用最多的一种影调，它既不像亮调那么强调明亮感，又不像暗调那样需要对光线进行约束。此外，它对美食种类的包容性也最强，能体现出真实的生活感和烟火气，也是极具"旧食风格"的一种影调（图3-10）。

图3-10

1. 灰调"平和又温柔"

灰调是在明亮的场景里，用颜色相对较暗的元素搭建出来的视觉风格。在生活感美食短视频中，常见的灰调有两种不同的搭配方式。

第一种，在光线明亮的环境中，通过柔化光线和遮光的方式，营造出灰调效果。这样的灰调有一种"一人食"的感觉，传达的情绪相对孤独。

图3-11所示的视频截图是在窗边拍摄的，悬挂柔光纱帘，可避免场景中的自然光太硬。人物面对窗户料理食物，这样可以方便进行侧逆光取景，场景里搭配的桌子是木色的，这就让亮调环境因为有了暗色家具的搭配而呈现出灰调（图3-12）。当然，如果将场景中的木色桌子换成纯白色的桌椅，画面就会呈亮调。

图3-11

图3-12

　　第二种，灰色背景和白色桌面，或者白色背景和灰色桌面搭配，让灰与白在画面中相互作用（图3-13）。利用这种搭配方式拍摄的画面相对简洁通透。

　　灰调美食短视频多具有文艺属性，其内容通常是一个人制作或者享用美食，传递出一种平和的情绪。

图3-13

2. 传统美学，旧色雅致

传统美食短视频很适合用中间调去表现。在这里我分享一种适合拍摄传统美食、能营造出油画感影调的布景方法：用深色植绒板作为背景，木色桌子作为料理台，如图3-14所示，这种简单的搭配却能营造出油画般的厚重色彩；如果再结合传统美食的制作步骤，雅致的效果呼之欲出。这也是传统美学最简单的表现方式之一。

图3-14

3. 烟火气带来的氛围感

　　美食短视频里的"烟火气"并不是指蒸腾的热气，而是指一种氛围感。在图3-15中，窗的介入让整个画面更有烟火气了。而深浅不一的木色家具陈设，也会给人一种"现实感"，从而拉近画面与观众之间的距离。

图3-15

4. 暖色画面，让时间变慢

中间调的美食短视频既可以表现家常饭菜、烘焙甜点，也可以表现禅茶一味的时光，或者午后偷闲时喝的一杯咖啡。

暖色调的画面更贴合美食带给人的治愈感，再结合相对慢节奏的拍摄手法和窗边的侧逆光，美食短视频就会给人"慢时光"的感觉（图3-16）。暖色调的美食短视频更容易让观众感受到"时间缓慢，岁月悠长"。

图3-16

5. 格调家居，营造生活感

这样的中间调是我个人偏爱的一种，它有着浓郁的家居氛围，既有厨房感，又可以营造一种放松悠闲的场景氛围。此类风格的美食短视频中多含有木系底色的橱柜、各类厨具和绿植。图3-17所示是旧食课堂的其中一处场景，我们经常基于这个场景来打造美食短视频的拍摄场景，还可以根据拍摄主题更改该场景里的搭配元素。

图3-17

第四章

实用工具，
美食短视频的拍摄设备

"工欲善其事，必先利其器"——这句话已经成为摄影领域的老生常谈。随着数码设备的不断迭代，拍摄需求的逐步多元化，视频拍摄设备也越发多样化。正因如此，很多人对视频拍摄设备的认知越发模糊。基于此，本章分析了不同视频拍摄设备的特点，它更像是一个视频拍摄设备清单，大家以此为参照，按需选择视频拍摄设备。

手机、相机与摄影机

拍摄美食短视频时，我们既可以使用手机，也可以使用各类相机甚至摄影机。选择哪种拍摄设备取决于我们想要的画面品质、资金预算及实际拍摄情况。接下来我们逐一分析不同拍摄设备各自具有哪些特点。

1. 手机

随着技术的不断进步，以及厂商重视程度的不断提高，手机的视频拍摄功能在不断优化。手机在拍摄视频时最大的优势就是轻便灵活，同时操作非常方便，容易抓拍精彩的瞬间。通过多个摄像头的组合使用，手机可以实现多倍光学变焦，从而在各个焦距下均可获得最好的画面品质（图4-1）。另外，目前有些手机已经具备可以控制景深的电影效果模式（图4-2），能够在拍摄和后期制作过程中对画面景深进行控制，同时还可以灵活地进行焦点选择及转换，这为创作者带来了很多的创作可能。但手机并非没有缺点，受限于传感器的尺寸，使用大部分手机获得的视频素材在画面品质上与使用相机获得的视频素材依然有很大差距。另外，大部分手机的摄像头都不可调节光圈，手机在拍摄视频时通常是通过软件算法来进行景深的处理的，因此其在成像上和相机也会有所不同。

图4-1

图4-2

2. 相机

近年来，相机厂商在研发过程中不断地向视频领域发展。随着短视频的爆发式发展，相机的视频功能越来越被重视，微单相机的视频拍摄功能越来越强，同时出现了很多专业的视频微单相机（图4-3），使用它们获得的画质甚至可以比肩专业摄影机。这些视频拍摄设备越来越轻便灵活，给了创作者更大的发挥空间。相对于手机而言，使用相机拍摄短视频的操作要复杂一些，所涉及的摄影基础知识也更多，但是相机在画质及宽容度方面是远胜于手机的，因此学习用相机拍摄短视频是创作者的必修课之一。

图4-3

3. 摄影机

在以前，摄影机（图4-4）往往只用来拍摄影视节目和广告片，但随着短视频的发展，越来越多的资金、人力、物力都在向短视频倾斜，用摄影机完成短视频拍摄已经是很平常的事情。相对于手机和相机，使用摄影机可以获得更好的画面质感及独特的色彩风格，会让作品更加吸引观众。但同时，使用摄影机拍摄需要更多的摄影知识及专业附件的支持，还会有更加复杂的后期流程，因此对于刚入门的创作者来说学习成本较高。

图4-4

当你选择使用相机来拍摄短视频时，首先要选择合适的机身（图4-5）。目前市面上的机身种类繁多，很多创作者在选择时都会觉得十分困难，我也经常会被问及到底应该选哪款机身来拍摄的问题。总的来说，我认为影响机身选择的因素有3个。一是拍摄题材。假如要拍摄探店、旅行、运动等常常需要手持或使用稳定器拍摄的题材，就需要考虑机身的轻便性；假如要拍摄升格作品，就需要考虑机身的升格性能。二是品牌喜好度和操作习惯，不同品牌的拍摄设备有不同的色彩风格，也有不同的操作逻辑，在购买之前可以多进行了解，明确自己的喜好。三是预算，预算会决定你购买什么类型的机身，因此预算是决定性因素。

图4-5

美食短视频拍摄常用镜头

　　一般来说，由于题材的多样性，在拍摄美食短视频时各个焦段的镜头都有可能用到。但由于美食短视频需要拍摄大量的食物特写镜头，因此微距镜头的使用频率是非常高的，各个相机品牌都有自己的微距镜头，它们的焦距一般都是100mm，因此它们也被称作百微镜头。但需要注意的是，并非所有品牌的微距镜头的焦距都是100mm，例如索尼的微距镜头的焦距是90mm（图4-6），尼康的微距镜头的焦距是105mm（图4-7）。另外，索尼还有50mm微距镜头，佳能有35mm微距镜头，还有一些品牌有60mm等其他焦距的微距镜头。除了微距镜头，50mm定焦镜头、24-70mm变焦镜头、70-200mm变焦镜头（图4-8）等也是美食短视频拍摄经常用到的镜头。

图4-6

图4-7

图4-8

其他设备

1. 实时画面的可视监控

　　在影视行业里，无论是摄影师和摄影助理使用的小尺寸监视器（图4-9），还是导演和客户使用的大尺寸监视器（图4-10），都有很多成熟的产品可以选择。监视器在短视频拍摄中往往会起到非常重要的作用。一方面，相机显示屏都比较小，并且有些相机不具备灵活的可翻转屏幕，在拍摄时观察屏幕不是很方便，此时使用5寸或7寸的监视器可以帮助摄影师更加方便地观察画面的对焦及构图，以及查看画面中是否有穿帮的地方或其他瑕疵。另一方面，优质的监视器能够呈现出更加准确的曝光情况及色彩效果，从而方便摄影师对画面的曝光和色彩进行更加精细的控制。

图4-9

图4-10

2. 镜头运动时的辅助设备

大多数时候我们需要使用三脚架来固定相机，使用云台来完成摇镜头的拍摄。但当需要拍摄一些特殊的运动画面时，仅靠三脚架和云台往往无法实现，因此需要用到其他的辅助设备。

（1）滑轨

滑轨（图4-11）能够帮助我们平滑地移动拍摄设备，目前在短视频拍摄中应用较多的是小型滑轨和桌面滑轨。滑轨包括手动和电动两种驱动形式，手动滑轨对摄影师的使用技巧要求较高，需要摄影师用均匀的力度来控制拍摄设备的移动；而电动滑轨则可以非常平稳地自行移动拍摄设备。另外还有一些滑轨可以实现多轴运动，利用这些滑轨既可以实现镜头平移，也可以完成镜头的水平和俯仰运动。

图4-11

（2）稳定器

稳定器（图4-12）是手持拍摄时用于稳定相机的辅助设备，利用稳定器可以实现比手持更加平稳的镜头运动，但前提是在拍摄中依然要平稳地握持稳定器。目前稳定器虽然已经逐渐轻量化，但装载相机后依然有不小的重量，对于摄影师的臂力和体力有比较高的要求，因此我们在选购稳定器时需要考虑重量因素。

图4-12

3. 声音设备的选择与应用

　　视频为观众带来的是和图片不一样的视听感受，因此除了画面，视频的声音也非常重要。美食短视频使用的麦克风主要分为两种，一种是无线领夹麦克风（图4-13），一种是指向性麦克风（图4-14）。无线领夹麦克风非常轻巧，可以很方便地夹在衣服上，并且没有电线约束，口播类人声的拾取一般会通过无线领夹麦克风来完成，这样即使人物在移动中也可以很好地进行声音拾取。无线领夹麦克风通常是全指向麦克风，全指向麦克风对周围环境中各种声音的敏感度是无差别的，因此无线领夹话筒就算没有完全指向人物的嘴，也不会对声音拾取有明显影响。指向性麦克风一般是有线的，人声和现场音效的拾取都会用到指向性麦克风。这种麦克风一般具有超心型的指向范围，它对其前端指向的方向最为敏感，对其后端指向的方向最不敏感，因此在使用时需要将其指向要拾取声音的人物或场景。指向性麦克风由于会更突出其前端的声音，对其后端的声音会有一定的屏蔽作用，因此在拾取声音时需要注意调整其朝向。在拾取人物声音时往往需要安排专门的人员控制指向性麦克风，使其跟随人物进行移动，从而确保人物声音拾取的准确性。

图4-13

图4-14

4. 灯具

除了利用自然光，美食短视频的拍摄也经常会用到人造光源。随着技术的进步，当下的灯具选择变得越来越丰富，多种多样的灯具可以让我们在拍摄时更好地实现不同的创意。接下来我们按照常用的大类来对灯具进行介绍。

（1）聚光灯

聚光灯（图4-15）是应用最广泛的人造光源之一，其功率从几十瓦到一两千瓦不等。聚光灯的特点是亮度非常高，同时由于大部分聚光灯都采用标准的保荣卡口，因此可以使用极其丰富的灯光附件对聚光灯的光线进行控制，这些附件包括柔光箱、束光筒、菲涅尔透镜、四页遮菲等，以及柔光伞、反光伞等其他不需要匹配卡口的附件，因此聚光灯已经成为当前短视频拍摄中的主力灯具。聚光灯的光线类型也从最初的单一色温发展到可变色温，甚至已经出现了大功率RGB全彩聚光灯，其可以实现彩色光的输出，功能十分强大。

图4-15

（2）平板灯

平板灯（图4-16）是应用极为广泛的一种灯具，其特点是发光面积大，直射出的光线比聚光灯的光线柔和，灯体尺寸多样，而且有不同的形状，摄影师或灯光师根据使用环境的不同可以选择正方形、长方形、圆环形、棒形等多种形状。平板灯较聚光灯更早出现可变色温及可变颜色功能，并且比聚光灯便宜，性价比更高。但由于形状并不统一，适用于平板灯的控光附件非常少，厂商一般只会提供对应型号的柔光箱等简单的柔光附件。平板灯无法直接使用带有保荣卡口的其他附件，因此其控光能力是相对比较弱的。

图4-16

另外还有一些迷你平板灯同样应用广泛，它们也被称为口袋灯（图4-17），由于体积特别小，因此它们可以在很多狭窄的空间进行补光。还有一些迷你平板灯具备防水性能，可以在水下提供照明，因此它们在特殊的使用场景下是必不可少的光源。

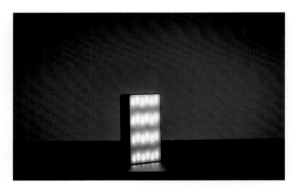

图4-17

（3）柔性灯

随着技术的进步，一些特殊的柔性灯走进了我们的视野，比较常用的柔性灯是布灯（图4-18）。布灯非常轻薄，灯体可以进行任意折叠，这为布光提供了一定的灵活性，为灯光师提供了更多的布光可能。

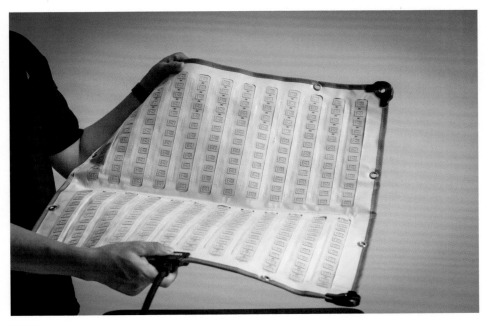

图4-18

第五章

窗前影像，
自然光源在美食短视频拍摄中的
应用

　　自然光通常会受天气、地域、楼层、房间朝向等因素的影响，但正是这种微妙的"不确定性"，让自然光源下拍摄出的短视频有着真实的生活感与情绪感。本章介绍了自然光源在美食短视频拍摄中的应用。

自然光源下的参数设置

　　在自然光源下拍摄时，光线会因季节、时段、天气、房间朝向、窗户大小等因素的不同而有所不同，相对来说，自然光的强度是不可控的。在上述客观因素都已经确定的基础上，我们需要通过调整拍摄设备的参数来控制画面的曝光。

1. 分辨率

　　当下拍摄短视频时，分辨率一般选择1080P或4K，不过，随着拍摄设备的快速发展，8K分辨率也在逐渐走进我们的视野（图5-1）。分辨率的选择一般要考虑两个因素。一个是投放平台的要求，短视频平台一般对分辨率会有要求，例如抖音支持的最高分辨率是1080P，因此如果要投放短视频在抖音，需要拍摄分辨率不高于1080P的素材，同理，如果短视频平台要求的短视频最高分辨率是4K，就需要拍摄分辨率不高于4K的素材，以保证最佳画质。另一个是拍摄和剪辑设备的限制，目前大部分微单相机和摄影机都还不支持8K分辨率，因此如果需要拍摄8K短视频，就需要使用专门的拍摄设备。剪辑设备也是如此，剪辑不同分辨率的短视频对计算机配置的要求是不一样的，分辨率越高，对计算机配置的要求也就越高，因此在选择分辨率时还应考虑其对后期剪辑的影响。

　　需要注意的是，硬件条件允许的情况下，我们可以拍摄分辨率比平台规定的最高分辨率更高的素材。例如拍摄抖音短视频时，虽然抖音支持的最高分辨率是1080P，但我们也可以选择拍摄分辨率为4K的素材，在后期剪辑时输出分辨率为1080P的短视频。这样做的好处是我们可以在后期剪辑时对画面进行一定的放大或裁切而不会影响画质，同时高分辨率画面的细节会更加丰富，质感也会更好。

图5-1

2. 帧速率

　　我们知道，动态的视频是由一张张静态图片连续播放形成的，而帧速率就是指拍摄设备每秒记录的画面数（图5-2）。通常情况下，将帧速率设置为25帧/秒就可以保证短视频流畅播放。在拍摄时，设置的帧速率越高，记录的内容就越多，得到的文件体积就越大，在后期剪辑中就有更大的减速空间。例如，以100帧/秒拍摄的升格素材在后期剪辑时以25帧/秒的速度进行播放，就会得到播放速度为正常速度的0.25倍的慢动作画面。

图5-2

3. 快门速度

　　通常情况下，在拍摄短视频时，快门速度会影响画面的动态模糊效果。动态模糊效果是指画面中运动的物体形成的拖动痕迹，合理的动态模糊效果能让画面看起来更加自然，更贴近人眼直接看到的效果。为了得到合理的动态模糊效果，快门速度需要根据帧速率来进行设置。确定帧速率后，将快门速度设置成帧速率的2倍的倒数，会得到合理的动态模糊效果。例如帧速率是25帧/秒，快门速度则设为1/50秒（图5-3）。低于这个快门速度，画面中运动物体的拖影会更明显，这会让画面模糊不清；反之，高于这个快门速度，画面中运动物体的拖影会更少，这会让画面失去真实感。

图5-3

　　快门速度除了会影响动态模糊效果，还会影响画面的亮度。一般而言，快门速度越快，画面越暗；反之，快门速度越慢，画面越亮。因此在调整快门速度时，还需要考虑画面亮度的变化。

4. 光圈

　　光圈是镜头内部控制进光量的装置，它对画面的影响体现在两个方面。一方面是影响画面亮度。一般来说，光圈越大，画面越亮；光圈越小，画面越暗。需要注意的是，光圈大小与光圈值是反向变化的，也就是说，光圈值越小，光圈越大，进光量越大，画面越亮；光圈值越大，光圈越小，进光量越小，画面越暗。另一方面是影响画面景深。景深是指对焦完成后焦点前后所呈现的清晰图像的范围。光圈越大，景深越浅，画面的背景虚化效果越强；光圈越小，景深越深，画面的背景虚化效果越弱。因此在拍摄美食短视频时，我们首先要考虑的就是光圈对景深的影响。如果我们需要比较明显的背景虚化效果，就需要使用大光圈来拍摄（图5-4）；反之，如果需要画面中焦点前后的清晰范围很大，就需要使用小光圈来拍摄（图5-5）。

图5-4

图5-5

5. 感光度

感光度用于衡量传感器对光的敏感程度。感光度越高，传感器对光越敏感，拍摄的画面就会越亮（图5-6）；感光度越低，传感器对光越不敏感，拍摄的画面就会越暗（图5-7）。因此，在快门速度和光圈都已经确定之后，由于自然光强度不可人为控制，我们就需要通过调节感光度来控制画面的明暗，从而实现合理的画面曝光。需要注意的是，感光度过高会导致画面产生较多的噪点（图5-8），这些噪点会影响画面的质感。因此我们不能盲目提高感光度，需要同时考虑画面的噪点情况，如果感光度已经达到了相对上限画面仍然无法正常曝光，则需要选择光线条件更好的时间或场地来进行拍摄。

图5-6

图5-7

图5-8

自然光源下拍摄短视频的利与弊

自然光源下拍摄短视频的优势在于，画面中的光影效果非常接近人眼看到的实际效果，画面细节丰富细腻，同时不受灯具的牵制，可以简化拍摄流程，降低拍摄成本，场地和空间的选择也更加灵活，这样可以让创作者更专注于情绪的表达。

但是自然光的不可控性也会给创作者带来很多障碍，天气、时段、季节、空间等因素都会给拍摄带来一定的影响，创作者需要深入了解自然光的特性才能对它进行更好的利用。此外，自然光在一天中的可利用时间有限，这也会给拍摄效率带来一定的影响。

常用光位与视觉感受

在室内进行美食短视频拍摄时，经常使用的光位是侧面光、侧逆光和逆光。在逐一分析这些光位带来的视觉感受之前，先来了解一下光位的判断依据。在拍摄时，镜头延伸方向与光线方向会形成一个夹角，当这个夹角等于90度时，光位是侧面光（图5-9）；当这个夹角大于90度且小于180度时，光位是侧逆光（图5-10）；当这个夹角等于180度时，光位是逆光（图5-11）。

侧面光会在被摄物体上形成一半亮部和一半暗部。通常情况下，由于室内的墙壁会使光线发生漫反射，因此被摄物体的暗部并不是纯黑的，但亮部和暗部各占一半的视觉效果依然明显，这种光位在视觉表达上比较直接，适合表现描述性的场景（图5-12）。

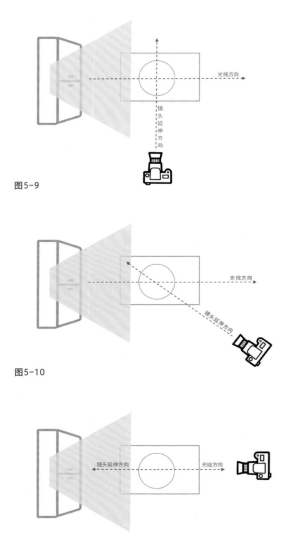

图5-9

图5-10

图5-11

图 5-12

　　侧逆光会在被摄物体上形成面积较小的亮部和面积较大的暗部，当镜头延伸方向与光线方向的夹角较大时，侧逆光还会在被摄物体边缘形成一定的轮廓光。面积较大的暗部会增加被摄物体的神秘感，因此使用侧逆光拍摄的画面往往会更有故事感和氛围感（图5-13）。侧逆光也是美食短视频拍摄最常用的光位。需要注意的是，使用侧逆光拍摄时由于阴影比较重，通常需要补充暗部的光线，从而让阴影部分能有足够的细节。

图5-13

逆光会使不透明物体获得很强的剪影感。由于光线都在被摄物体的背面，因此不透明物体的正面会比较暗，只有轮廓是明亮的。逆光擅长表现神秘感和剪影感。但如果被摄物体正面过暗，往往也需要对正面进行补光，从而丰富暗部细节（图5-14）。当采用逆光拍摄透明或半透明物体时，光线会穿过物体进入相机内部，形成通透的画面质感（图5-15）。因此在拍摄液体类、玻璃类或蒸汽类的主体时，往往会使用逆光。

图5-14

图5-15

光线的约束与控制

1. 明

当需要明亮的光线时，我们往往会在较大的窗户边拍摄（图5-16）。同时，窗户面积越大，数量越多，光线就越明亮。需要注意的是，房间的多个窗户相当于场景中的多个"光源"，当户外光线较强时会造成被摄物体出现多个影子，在这种情况下需要适当遮挡一部分窗户，让光线有主次之分。

图5-16

2. 暗

　　在拍摄美食短视频时，暗调布光的原则是"暗调不暗"，这里的"暗调"指的是暗部在场景中占大部分，"不暗"指的是主体要足够明亮。因此在布光时需要约束光线的照射范围，让光线集中照在主体上，从而营造出高反差的画面效果。在自然光源下拍摄时，如果条件允许，我们可以选择窗户面积较小的房间，或者通过遮光窗帘对窗户光进行约束（图5-17），从而获得暗调画面。

图5-17

3. 补

前文讲到，美食短视频拍摄常用的光位是侧面光、侧逆光和逆光，这些光位都会让被摄物体上出现阴影，为了丰富暗部细节，我们需要对暗部补光。补光的工具一般有金银双色的柔性折叠补光板，也有用于局部补光的纸质折叠补光板，但在实际拍摄中，使用最多的是白色泡沫板（图5-18）。白色泡沫板凹凸不平的表面能够提供柔和的散射光线给暗部以丰富暗部细节，同时还不会产生过强的光线，从而避免形成新的阴影，因此白色泡沫板非常受摄影师喜爱。摄影师可以通过控制白色泡沫板与被摄物体的距离，以及与光线方向的角度来调整补光效果。

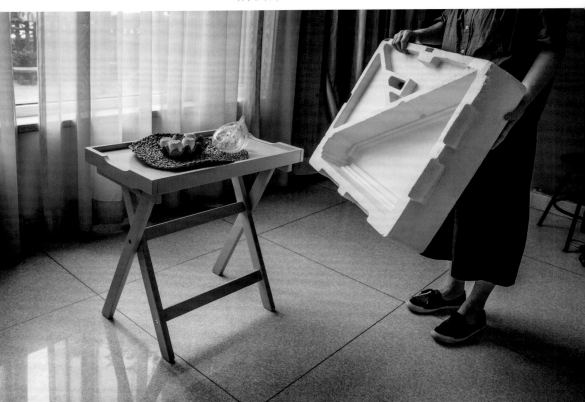

图5-18

4. 软

　　软光也叫柔光，它能够让被摄物体表面的亮部和暗部之间形成自然的过渡，有助于表现更多的细节。在美食短视频的拍摄中，柔光的使用频率非常高，柔光能让整个场景的细节更加丰富。在自然光拍摄中，我们可以使用柔光窗帘（图5-19）或者柔光板（图5-20）来对光线进行柔化。在选择柔光窗帘时需要注意，尽量选择纯白色的柔光窗帘，使用其他颜色的柔光窗帘会让场景的光线颜色发生变化。相较于柔光窗帘，柔光板的使用更加灵活。在空间条件允许的情况下，使用柔光板可以很好地控制光线的柔和程度：柔光板距离被摄物体越近，光线越柔和。

图5-20

图5-19

5. 硬

硬光能够使被摄物体表面形成明显的明暗分割线，使画面形成强烈的明暗对比。硬光对细节的表现力没有柔光好，但是通过遮挡，硬光往往可以在画面中营造出明显的光影层次（图5-21）。

图5-21

第六章

人间烟火，
自然光源短视频实拍案例

《北冰洋咖啡》短视频脚本

剪辑时长：60秒以内

淡入

开篇镜头1：户外绿植

开篇镜头2：院子里猫咪慵懒的状态

开篇镜头3：用咖啡勺搅拌北冰洋咖啡

镜头1：伸手打开装有咖啡胶囊的容器盖子

景别：近景　　视角：平视角　　光位：侧逆光

镜头2：从容器中拿取一个咖啡胶囊

景别：特写　　视角：30度视角　　光位：侧逆光

镜头3：打开咖啡机上盖，把咖啡胶囊中的咖啡粉倒进去

景别：近景　　视角：平视角　　光位：侧逆光

镜头4：萃取咖啡液

景别：近景　　视角：仰视角　　光位：逆光

镜头5：人物神情的写意画面

景别：近景　　视角：仰视角　　光位：侧逆光

镜头6：向玻璃杯中倒入冰块

景别：近景　　视角：平视角　　光位：侧逆光

镜头7：伸手拿取一瓶北冰洋汽水

景别：近景　　视角：俯视角　　光位：逆光

镜头8：开启汽水瓶盖

景别：近景　　视角：平视角　　光位：逆光

镜头9：追加开启汽水瓶盖的特写

景别：特写　　视角：45度视角　　光位：侧逆光

镜头10：向装有冰块的玻璃杯中倒入汽水

景别：特写　　视角：平视角　　光位：侧逆光

镜头11：汽水在倾倒过程中的状态

景别：近景　　视角：平视角　　光位：侧逆光

镜头12：追加水位线上升的特写

景别：特写　　视角：平视角　　光位：侧逆光

镜头13：向汽水中倒入萃取好的咖啡液

景别：近景　　视角：30度视角　　光位：侧逆光

镜头14：追加将咖啡液倒入杯中时冰块上浮的特写

景别：特写　　视角：平视角　　光位：侧逆光

镜头15：将一杯做好的北冰洋咖啡放入场景

景别：近景　　视角：平视角　　光位：侧逆光

淡出

拍摄前的准备

1. 脚本

拍摄前写好脚本（图6-1），按照脚本中设置的场景准备好道具，并且提前准备好相关食材。

2. 场地

拍摄这条短视频的场地是旧食课堂三楼的房间，房间里有进光量相对理想的窗户（图6-2）。

图6-1

图6-2

3. 设备

拍摄这条短视频时用到的设备如下。

机身：索尼fx6

镜头：蔡司100mm F2.0

麦克风：森海塞尔MKE600

监视器：阿童木Ninja V

升降架：金贝JB200

以上设备仅适用于拍摄此短视频（图6-3），切勿将其作为美食短视频拍摄设备的唯一选择。短视频拍摄的设备选择众多，大家按需求选择即可。

4. 其他事项

格式化存储卡，确保存储卡有足够的空间。

备好充满电的电池，确保拍摄设备的续航力。

采用自然光拍摄时，如果要去户外取景，则需要提前确认天气。

把所需设备、道具、食材等在拍摄场地内放好，缩短镜头与镜头之间等待的时长。

拍摄这条短视频要用到冰块，冰块需要提前冻好。开汽水瓶的开瓶器、拿取冰块的冰铲这些工具也要提前备好。

图6-3

图6-4

场景搭建思路

　　这条《北冰洋咖啡》短视频想表现一种"旧调时光感",所以料理台放在窗边,演员面向窗户进行操作。这样布景方便用侧逆光进行拍摄。

　　与咖啡相关的场景中,装咖啡胶囊的容器、咖啡机、咖啡胶囊、咖啡杯等都是要提前准备好的(图6-4)。

除此之外，我还在场景中放置了玻璃壶、玻璃瓶、绿植、蜡烛等道具（图6-5）。这些道具在场景中可以丰富画面的层次，在近距离取景时还可以通过前景的虚化制造视觉上的遮挡和过渡效果。

除了窗边的主场景之外，我还在现场准备了一张方便移动的桌子和一把椅子，目的是在拍摄不同的动作时制造一些场景的变更和光线的变化，这些会在接下来的"拍摄过程分解"部分详细分享。

图6-5

拍摄过程分解

1. 摄影机拍摄参数

分辨率：4K

帧速率：25帧/秒

快门速度：1/50秒

光圈：f/4.5

感光度：ISO 800

2. 户外素材拍摄

开篇空镜头在户外拍摄，在多云天气下或者在阴天比较容易拍摄出绿植的葱郁感（图6-6、图6-7）。如果在强烈的阳光下拍摄，可以在镜头前安装ND滤镜减光，也可以降低感光度，或者对取景区域上方进行遮挡，避免强光的干扰。

拍摄院子里猫咪的状态时需要抓拍，记录下猫咪慵懒的状态，不要太过刻意地与其互动。

图6-6

图6-7

图6-8

图6-9

3. 室内镜头拍摄

镜头1：伸手打开装有咖啡胶囊的容器盖子

拍摄这一镜头时，由于场景在窗边，用侧逆光拍摄，会让伸出的人物手部和咖啡胶囊上都有比较理想的阴影，但又不会太暗，这种明暗结合的效果就是侧逆光带来的"故事感"。

这个镜头安排的动作是打开盖子，所以拍摄的时候用了平视角（图6-8）。盖子被拿起后会形成一个运动轨迹，能把动作表现完整。

拍摄前先打开盖子，对里面的咖啡胶囊进行对焦，然后盖好盖子，再按下录制键，之后再打开盖子就能够实现对咖啡胶囊的精准对焦了（图6-9）。在此补充说明一下，拍摄美食短视频时全程手动对焦，可避免出现跑焦的问题。

镜头2：从容器中拿取一个咖啡胶囊

　　拍摄这一镜头时用到了30度视角（图6-10）。30度视角比45度视角更趋向于水平，能够突出容器的立体感。手部拿取咖啡胶囊的动作和镜头1衔接，这时仍使用侧逆光拍摄，只需要对拿取的咖啡胶囊提前进行对焦即可（图6-11）。

　　这一镜头的景别是特写，强调"咖啡"这个主题，尽管如此，场景里依然要有一些搭配元素，不要让一个容器孤零零地出现在画面中。场景元素哪怕只露出局部，也能很好地表现氛围感。

图6-10　　　　　　　　　　　　　　　　图6-11

镜头3：打开咖啡机上盖，把咖啡胶囊放进去

这一镜头仍然在窗边拍摄。短视频中所用的咖啡机会反光，所以将咖啡机的正面背对窗户，弱化反光效果。人物在场景中不要随意走动，否则会使画面显得杂乱，自然地做动作就好（图6-12）。

由于采用近景拍摄，对焦区域可以放在咖啡杯上，也可以放在咖啡机的上部，这样会让人物的手部动作更清楚（图6-13）。

图6-12

图6-13

镜头4：萃取咖啡液

这一镜头的拍摄方法有很多，例如可以采用仰视角，将对焦点放在咖啡机的萃取口，拍摄咖啡液从机器中萃取出来的状态；可以采用俯视角，将对焦点放在咖啡杯里，拍摄咖啡液落入杯中并且水位线持续升高的状态；也可以采用平视角或者略微仰视的视角，拍摄咖啡杯内水位线上升的过程。我采用的是最后这种方法。

拍摄前先把咖啡杯放好，将对焦点放在咖啡杯外侧，因为水位线会沿着杯壁上升，这样能够确保水位线全程清晰（图6-14）。仔细看，这一镜头的光位发生了变化，为了让萃取到咖啡杯中的咖啡更有光感，我稍微转动了一下咖啡机的位置，采用逆光拍摄（图6-15）。拍摄好的视频截图如图6-16所示，其中水位线清晰，咖啡光感十足。

图6-14

图6-15

图6-16

镜头5：人物神情的写意画面

在美食短视频中穿插人物神情的画面有3个作用：第一，强化真实感，虽然美食短视频重点表现的是食物料理过程，但人物的出现可以使观众产生真实、具象的观感，知道是谁在料理食物。第二，人物的神情是最直接的情绪语言，以此短视频为例，微尘老师的神情，为这杯咖啡的制作过程增加了些许安静且专注的视觉情绪。第三，人物形象是最简单的"防伪标识"，这也是很多美食博主露脸拍摄短视频的缘由。

拍摄人物神情时，景别可以是脸部近景，同时采用平视角或略微仰视的视角，以及侧逆光勾勒人物的脸部轮廓（图6-17）。我在抓拍人物神情时有个小秘诀：让人物转移视线，而不是只盯着一点。例如可以让他随着动作转移视线，营造出一种忙碌的动态感。为了避免呆板，手部要有一些动作，即使近景拍摄时不会将手部动作纳入画面，但手部动作的加入会让神情更自然（图6-18）。

图6-17

图6-18

镜头6：向玻璃杯中倒入冰块

拍摄这一镜头的准备工作很关键——提前冻好的冰块在拍摄这一镜头前再拿出来，以防冰块融化（图6-19）。如果是夏天在室内拍摄这一镜头，可以打开空调，避免冰块融化过快。

还要提前选好玻璃杯，这既是落入冰块的杯子，也是最终承载饮品成品的杯子。我在拍摄前，会用牙膏把玻璃杯彻底清洗干净并擦干，保持杯壁干净透亮。拍摄前可以用小镊子夹着一块冰块，将其小心地放入干净的玻璃杯，最好贴着杯壁放置，手动对焦在冰块上，然后拿走冰块，保持杯内干净，待开机拍摄即可。

拍摄这一镜头时，我依然用了平视角，这是为了更好地表现冰块落入杯中的状态（图6-20）。光位依然是侧逆光，也许有的读者会好奇，我为什么如此大量地使用侧逆光。其实侧逆光的角度是一个范围，而不是一个固定的值。在不同角度的侧逆光下，画面的表现并不一样，不会千篇一律。拍摄时要以监视器中的画面为依据，在一定的范围内适度调整镜头，从而改变侧逆光的角度。

图6-19

图6-20

镜头7：伸手拿取一瓶北冰洋汽水

在拍摄这一镜头时，我使用了"借位"，也就是没有在此前窗边的台面上拍摄，而是在旁边的椅子上拍摄这个动作的（图6-21）。这样做的目的是：首先，增强空间变化感，在整条短视频中，拿起汽水这个动作是从咖啡液萃取到准备将其和汽水融合之间的过渡，所以改变一下场景，可以营造去另一个场地拿取汽水的感觉；其次，椅子的高度比料理台低，便于俯视角拍摄，拍摄拿取汽水的镜头时，采用逆光可增加汽水瓶的轮廓感和汽水的通透感（图6-22）。此处有一个容易忽略的小技巧——在盛放汽水的器皿中放置两瓶汽水，这样拿走一瓶汽水后，器皿中的另一瓶汽水会因这个动作的带动而在冰水中轻微晃动，从而让画面看起来更自然，也避免了拿走一瓶汽水后器皿内很空，不便与下一个镜头衔接。

图6-21

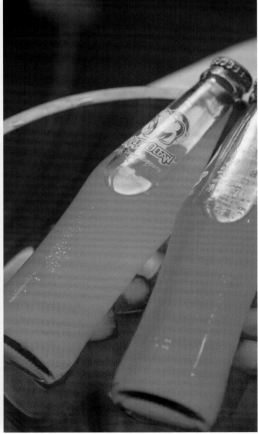

图6-22

镜头8、9：开启汽水瓶盖

这两个镜头表现的是同样的动作，但景别、视角和光位有区别，二者共同强调了动作的动感。

镜头8采用了逆光、平视角、近景拍摄，汽水瓶完整出镜，人物的手部动作也完整地表现了出来。这个镜头表现了"开汽水瓶"这个动作（图6-23），之所以选择逆光，是因为这样可以让汽水瓶看起来更通透。从图6-23中还可以看到，拍摄这一镜头使用了另外一张桌子，与窗户有段距离，这样可以弱化光线，也能更灵活地拍摄逆光开瓶的过程。

镜头9是对"开汽水瓶"这个动作的特写。它与镜头8衔接，能够让汽水瓶盖开启的音效更突出。

图6-23

镜头10、11、12：向装有冰块的玻璃杯中倒入汽水

这3个镜头也表现了同一个动作。在拍摄向装有冰块的玻璃杯中倒入汽水时，用几种不同的拍摄方式来展示这一动作，能增加短视频的看点，避免平铺直叙。以这3个镜头为例，镜头10用特写的方式对焦在杯中冰块上，拍摄汽水倒入杯中与冰块产生碰撞的过程（图6-24）；镜头11依然表现倒入汽水的动作，但镜头离得远了一些，对焦在汽水瓶口上，拍摄汽水从瓶口流出的画面（图6-25）；镜头12回到特写位，这时杯中已经有一些汽水了，所以只需对焦在杯侧的水位线上，拍摄水位线上升及杯中产生气泡的过程，这个镜头能够让观众联想到汽水冰爽的口感（图6-26）。

为了让杯中汽水更有透光性，这3个镜头始终采用侧逆光拍摄，视角也一直为平视角（图6-27）。

图6-24

图6-25

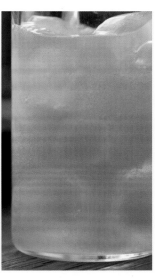

图6-26

图6-27

镜头13、14：向汽水中倒入萃取好的咖啡液

了解了镜头10、11、12的衔接，"向汽水中倒入萃取好的咖啡液"这个动作的拍摄就不难理解了，这两个镜头依然体现了景别和视角的切换与衔接。

镜头13中，咖啡杯露出得比较完整，再结合前景元素，画面有了真实的场景感（图6-28）。拍摄这个镜头时，可用的对焦方式有两种：可以对焦在玻璃杯杯壁上，让整杯饮品看起来更清晰，这样也能够清楚地拍到咖啡液与汽水融合的瞬间；也可以对焦在咖啡杯口向下倾倒咖啡液的区域，让杯中咖啡液看起来更清晰。

镜头14采用特写拍摄，对焦在冰块上，进一步表现咖啡与汽水的融合（图6-29）。特写镜头会让饮品更容易激起观众的食欲。这也是为什么我选择用微距镜头拍摄这条短视频（图6-30）。

图6-28

图6-29

镜头15：将一杯做好的北冰洋咖啡放入场景

一杯做好的北冰洋咖啡也有不同的拍摄方式。例如，可以像我这样，把一杯做好的北冰洋咖啡放入场景（图6-31）。需要注意的是，可以提前手动对焦在饮品上，按下录制键后，拿走饮品再重新放入，这样会比较容易拍到对焦精准的画面。也可以直接拍摄把饮品拿走的动作。如果说把饮品放入画面暗含的情绪语言是"请你品尝"，那么拿走饮品暗含的情绪语言就是"我来品尝"，二者给人不同的感受。

图6-30 图6-31

还可以多拍摄一些不同的动作，例如搅拌北冰洋咖啡（图6-32），在剪辑时可以将其作为短视频的开篇镜头。

可以在拍摄场景中点缀一些烛光（图6-33），或者在室内大场景中暗藏一些暖色的光源（图6-34），这些环境中的暖色光会让画面的温暖氛围得到强化。

图6-32

图6-33

至此，这条美食短视频的拍摄过程就讲解完了，最终的作品请扫描右侧二维码观看。需要注意的是，这条短视频中应用的光位、景别、视角以及它们之间的衔接和变化，只适用于该短视频的拍摄立意，不代表所有的美食短视频都要严格遵从上述步骤。拍摄美食短视频是一件趣事，希望大家能够灵活变通，把握其中要领，将从本书中学到的知识为自己的作品所用。

扫码观看视频

图6-34

第七章

百变灯光，
人造光源在美食短视频拍摄中的
应用

人造光源下的参数设置

在完全使用人造光源拍摄时，画面中的光线是由各类灯具带来的。相对于自然光源而言，人造光源在布光方面更加灵活，可控性更强，我们可以根据画面需求对光线进行布置和干预，即使面对复杂的场景，我们也能对光线细节进行雕琢，同时还能确保持续稳定的光线输出。在拍摄过程中，往往人造光源的布光目标是无限接近自然光，因此创作者需要对自然光和灯光特性都有足够的了解，这样才能灵活应用人造光源进行拍摄。

在人造光源下拍摄时，分辨率、帧速率、光圈、快门速度的设置和在自然光源下的设置是一致的，在此不做重复讲解。和在自然光源下拍摄不同，在人造光源下拍摄时灯光的亮度是可控的，因此创作者往往会将拍摄设备设置为最低感光度来拍摄，例如佳能大部分相机的最低感光度是ISO 100。使用最低感光度拍摄时，画面中的噪点是最少的，拍摄设备的动态范围和色彩灵敏度是最高的，相对应的画质也是最高的。由此可知，在人造光源下拍摄时，在拍摄设备参数确定的情况下，画面的曝光是交由灯光来控制的，灯光无法满足拍摄要求时，可以通过调整拍摄设备参数来获取想要的画面效果。

常用布光方法

不同创作者对光线有不同的理解，布光方法根据拍摄环境和内容的不同也可以分为很多种类。在本节中，我整理了自己常用的一些布光方法，正是这些布光方法帮助我完成了多种风格的短视频拍摄。

1. 单灯布光思路

只使用一盏灯来进行拍摄是一个非常有趣的课题。从光源数量上讲，一盏灯似乎具有很大的局限性，这意味着我们除了有一个主光源外，并没有可以辅助拍摄的光线。但从另一个角度来看，一盏灯所产生的光线效果是最接近自然光的，因为自然界也只有太阳一个光源，我们在使用自然光进行拍摄时，也是在充分利用太阳这个唯一的自然光源。

（1）顶光拍摄

光线从场景的上方向下照射时被称作顶光。要实现顶光拍摄，常用的布光方法有两种。

第一种是借助拍摄场景的屋顶（尤其是白色的天花板）反射的光线来进行拍摄。使用这种布光方法时，光线不直接照向拍摄场景和主体，而是照向天花板（图7-1），光线经过天花板反射回拍摄场景，形成柔和且均匀的漫射光线。这种光线营造出来的画面反差小，人物和物体几乎没有明显的阴影，因此它不仅适合直接用于拍摄叙事或教程类的画面（图7-2），还适合做大场景下的基础光，即在这种光效基础上进一步增加其他灯光，可以营造更有层次的光线效果。

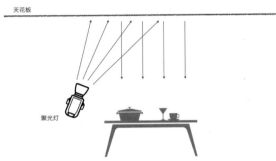

天花板

聚光灯

图7-1

图7-2

　　第二种是通过带格栅的柔光箱给场景提供顶光。如果使用这种布光方法，经过格栅的约束，光线是垂直向下照射的（图7-3），几乎不会有多余的光线散射到其他方向，因此这种布光方法适合营造暗调风格的画面（图7-4）。需要注意的是，使用这种布光方法时，一些物体或器皿的底部会产生较重的阴影，因此创作者需要根据实际情况判断是否采用这种布光方法。

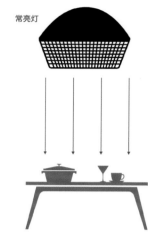

常亮灯

图7-3

图7-4

（2）侧逆光拍摄

光线从场景的侧后方向前照射时，被称作侧逆光，此时光线照射的方向会和镜头延伸方向形成一个钝角。侧逆光作为主光是美食短视频拍摄中最常用的布光方法之一，配合灯体高低带来的光线角度变化，侧逆光可以沿食物边缘形成柔和的轮廓光，还可以给表面光滑的食物提供足够的高光，营造诱人的效果。

在进行侧逆光拍摄时，我会使用柔光附件来对光线进行柔化。柔光附件可以是各种形状的柔光箱，也可以是柔光板。如果有需要，还可以在迎着光线的方向使用白色泡沫板进行补光（图7-5），让食物正面的细节得到表现（图7-6）。柔和细腻的侧逆光无论作为单一光线还是作为多光源中的主光，都能营造出相对理想的布光效果。

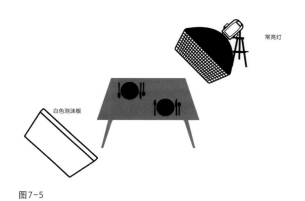

常亮灯

白色泡沫板

图7-5

图7-6

2. 双灯布光思路

当我们拥有两盏灯的时候，布光思路相较于单灯有很多不同。在实践中我们会发现，单灯所产生的光线虽然接近自然光，但是受限于场景布置，往往没有办法获得和自然光完全相同的效果，这时就需要更多的光源参与进来。另外，还有些时候我们需要展现夜晚的情景，这时也需要通过两盏甚至多盏灯来完成光线氛围的营造。

（1）侧逆光为主光，侧顺光为辅光

侧逆光为主光，侧顺光为辅光时，两个光源沿对角线方向照射场景，这是美食短视频拍摄中使用频率最高的一种布光方法（图7-7）。

前文讲过，以侧逆光作为主光拍摄，再配合白色泡沫板补光可以获得柔和细腻的光线效果，那么为什么还需要使用侧顺光进行补光呢？这是因为白色泡沫板本身并不能够发光，它反射的光线亮度是有限的，而且为了避免白色泡沫板进入画面穿帮，白色泡沫板往往需要与主体保持一定距离，因此白色泡沫板并不能够完全满足补光需求，而使用灯光补光更加灵活可控。但是需要注意，使用灯光补光时，辅光应尽量柔和，通常辅光的亮度应低于主光，并且辅光不能使场景中的物体产生第二个影子，这样才能达到较好的补光效果（图7-8）。

对角线式的布光方法能满足大部分拍摄需求。但是这种布光方法并不是完美无缺的，受限于主光的照射角度，场景中物体的顶部往往很难得到充足的光线的照射，因此在一些需要较强顶光的场景中，可以使用下面这种布光方法。

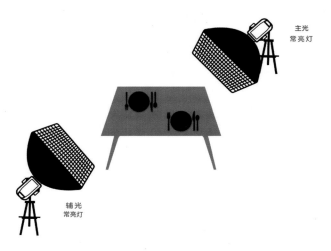

图7-7

图7-8

图7-9

（2）顶光为主光，侧逆光为辅光

在需要较强顶光的场景中，对角线式的布光方法会有一定的弊端，此时我们可以以顶光为主光，侧逆光为辅光（图7-9），这样场景中的主体就会得到更多的顶光的照射。在拍摄美食短视频时，顶光可以进一步提升画面中食物的质感（图7-10）。

图7-10

（3）侧面光为主光，侧逆光为辅光

在拍摄饮品类短视频时，经常会用到玻璃器皿，我会选择以侧面光为主光，因为柔和均匀的侧面光（常亮灯前加柔光板）能给玻璃器皿带来好看的高光，更好地勾勒出玻璃器皿的轮廓；同时以侧逆光作为辅光，将玻璃器皿表现得更加通透（图7-11）。在玻璃器皿较多的场景中，我几乎不会使用顺光，因为玻璃器皿的正面会产生光斑，这些光斑的出现会明显影响到玻璃器皿在画面中的通透感（图7-12）。

图7-11

图7-12

（4）顶光为主光，背景光为辅光

在饮品类短视频的拍摄中，我有时还会用到另一种布光方法——以顶光为主光，背景光为辅光。相较于上一种布光方法，这种方法更适合狭窄的小空间拍摄场景，可以最大限度地节省灯具占用的空间，同时也适合营造吧台氛围的画面。顶光虽然不能给玻璃器皿带来好看的高光，但能遮盖玻璃器皿上的瑕疵。通过第二盏灯给背景区域提供彩色的光线，可以烘托画面气氛。在图7-13所示的场景中，我在主体上方设置了顶光作为主光，在背景区域用蓝色的光线营造氛围，这样的布光方法可以让场景的纵深感更强。在平视角下拍摄时背景光可作为逆光，让饮品更加通透。

图7-13

3. 多灯布光思路

　　在拍摄一些大场景时，仅仅给主体足够的光线并不能获得很好的画面效果，这时就需要使用更多的灯具。这些灯具往往会被用来营造氛围，因此除了使用体积相对较大的聚光灯，也会经常使用小型补光灯，甚至台灯、蜡烛等其他光源作为点缀，这些散点状的光源可以增强画面的氛围感（图7-14）。

图7-14

第八章

光影味道，
人造光源短视频实拍案例

《宵夜馄饨》短视频脚本

剪辑时长：60秒以内

淡入

开篇镜头1：将一碗刚煮好的馄饨放入场景中

开篇镜头2：人物坐在餐桌前吃馄饨的背影

镜头1：人物在场景中准备小葱

景别：中景　　视角：30度视角　　光位：侧逆光

镜头2：把小葱切成葱花

景别：近景　　视角：俯拍视角　　光位：侧逆光

镜头3：从前景中拿起紫菜

景别：近景　　视角：平视角　　光位：侧逆光

镜头4：将紫菜放入碗中

景别：特写　　视角：45度视角　　光位：侧逆光

镜头5：从前景中拿起虾皮

景别：近景　　视角：30度视角　　光位：侧逆光

镜头6：将虾皮放入碗中

景别：特写　　视角：45度视角　　光位：侧逆光

镜头7：向碗中淋入一圈生抽

景别：近景　　视角：45度视角　　光位：侧逆光

镜头8：向碗中加入醋

景别：近景　　视角：45度视角　　光位：侧逆光

镜头9：向碗中加入盐

景别：近景　　视角：45度视角　　光位：侧逆光

镜头10：向碗中加入胡椒粉

景别：近景　　视角：45度视角　　光位：侧逆光

镜头11：把切好的葱花放入碗中
景别：近景　　视角：30度视角　　光位：侧逆光

镜头12：舀取一勺猪油
景别：特写　　视角：45度视角　　光位：逆光

镜头13：把猪油放入碗中
景别：近景　　视角：45度视角　　光位：侧逆光

镜头14：锅中煮制馄饨时的场景（空镜头）
景别：全景　　视角：平视角　　光位：侧逆光

镜头15：从锅中捞取馄饨
景别：近景　　视角：45度视角　　光位：侧逆光

镜头16：将馄饨放入碗中
景别：近景　　视角：平视角　　光位：侧逆光

镜头17：再舀取一勺馄饨放入碗中
景别：近景　　视角：平视角　　光位：侧逆光

镜头18：向碗中加入一勺热汤
景别：近景　　视角：平视角　　光位：侧逆光

镜头19：将一碗煮好的馄饨放入场景中
景别：近景　　视角：30度视角　　光位：侧逆光

镜头20：碗中馄饨的口感表现
景别：特写　　视角：30度视角　　光位：侧逆光

镜头21：人物坐在餐桌前吃馄饨的背影
景别：全景　　视角：30度视角　　光位：侧逆光

淡出

拍摄前的准备

1. 脚本

拍摄前写好脚本，按照脚本中所设置的场景准备好道具，并且提前准备好相关食材。

2. 场地

拍摄这条短视频的场地是旧食课堂的一楼，现场用遮光窗帘完全遮住自然光后，全程用人造光源进行布光（图8-1）。

图8-1

3. 设备

拍摄这条短视频时用到的设备如下。

机身：索尼FX6

镜头：蔡司100mm F2.0，索尼50mm F1.2

麦克风：森海塞尔MKE600

监视器：阿童木Ninja V

升降架：金贝JB250

以上设备仅适用于拍摄此条短视频，不要将其作为美食短视频拍摄设备的唯一选择。短视频拍摄的设备选择众多，大家按需求选择即可。

4. 其他事项

格式化存储卡，确保存储卡有足够的空间。

备好充满电的电池，确保拍摄设备的续航力。

采用灯光拍摄时，提前测试每盏灯，确保光线输出稳定。

把所需设备、食材等在拍摄场地内放好，缩短镜头与镜头之间等待的时长。

场景搭建思路

这条《宵夜馄饨》短视频想表现夜晚一人食的氛围，所以拍摄时搭建了两个不同的场景，一个是切菜的操作台，一个是煮馄饨的桌子，后者在短视频最后也兼具餐桌的功能。

切菜的操作台上摆放的器具基本都是厨用的，这样无论采用哪种景别取景都能拍摄出厨房的氛围感。厨房感布景的一种方法就是在墙壁上悬挂勺子、沥水篮、擦碗巾等。拍摄这条短视频的场地是旧食课堂的一楼，除了橱柜之外，微尘老师还在墙壁上固定了一块大木板来充当背景，以增加画面中的暖色调（图8-2）。

煮馄饨的桌子其实就在厨房感场景的旁边，方便拍摄时切换场地。对于这种"深夜食堂"的短视频来说，木质桌面同样会为短视频加分，短视频中用到的是一张从二手店淘来的柚木桌，它有着很天然的旧色。注意不要用桌面反光严重的桌子，因为它不利于布光。

在拍摄美食短视频时，我还经常用到榉木、楠竹、橡木、榆木等材质的桌子，它们对场景氛围的营造也很有利。如果在小场地拍摄，也可以考虑用桌腿结合可活动的桌面板搭建桌子，这样可以根据拍摄风格随时更换桌面，而且平时它们也不会占据太大的空间。

图8-2

现场布光思路

本次的拍摄场景比较大，场景元素较多，因此使用了多灯布光的方式。从图8-3中可以看到，现场有5盏不同的灯具布置在不同的位置，我们化繁为简，把这5盏灯分成两个部分。

第一个部分是主光源，也就是光位图（图8-4）中的常亮灯-1，这是一盏200瓦的灯，从较高的位置照射到桌面上，形成侧逆光。它发出的色温为5600K的柔和的光线，为桌面上的主体提供了充足的照明。

第二个部分是其他4盏灯，这4盏灯都是为营造场景氛围而布置的。其中常亮灯-2是一盏60瓦的聚光灯，它为背景区域提供色温为3200K的暖色光；常亮灯-3是一盏LED棒灯，它主要为橱柜和背景墙提供色温为3200K的暖色光；常亮灯-4是一盏20瓦的聚光灯，这盏灯可根据场景灵活使用，在拍摄食材处理过程时，这盏灯可以为橱柜表面的区域提供照明，其余时间则是关闭的；第五盏灯是一盏吊灯，它发出的暖色光可以为画面左侧区域提供温暖的环境光，避免画面左侧过暗。

通过以上布光思路讲解，我们注意到，场景中的主光源不需要做复杂的布置，使用单一光源即可，这样既能给主体提供足够的光线，又不会使主体因为光源过多而产生多个阴影。更多的灯具主要用来营造场景氛围，我们可以根据不同的场景布置安排不同的灯具来营造光线层次。

图8-3

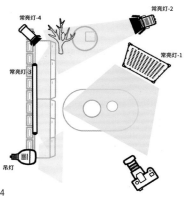

图8-4

拍摄过程分解

1. 摄影机拍摄参数

分辨率：4K

帧速率：25帧/秒

快门速度：1/50秒

光圈：f/4.5～f/6.3

感光度：ISO 800

2. 镜头拍摄

镜头1：人物在场景中准备小葱

这一镜头用中景表现厨房的氛围感（图8-5）。主要光源来自人物头顶斜上方区域，光位是侧逆光。30度视角拍摄能够更好地展现操作台上的布景。镜头运动采取了摇镜的方式，摄影机在云台上匀速缓慢地摇动，配合人物动作来交代场景。需要强调的是，在摇动镜头时可以从左到右、从右到左反复拍摄几次，在后期剪辑时选用合适的镜头即可。

这一镜头中，人物在场景中做整理小葱的动作，下一个镜头中，人物需要把小葱切成葱花，所以要注意前后镜头中整理的动作和切的动作的衔接。

图8-5

镜头2：把小葱切成葱花

在拍摄这一镜头时用到了过肩视角，镜头从人物的肩膀与脖颈之间向下取景，去拍摄切葱花的画面（图8-6）。指向性麦克风藏在人物旁边不穿帮的地方，收取切葱花的声音。在拍摄这一镜头时，我换成了50mm焦距的镜头，就是为了在俯拍时能够相对完整地看到切菜的案板，此时注意调整案板周围的器皿，以便在镜头中营造厨房的场景感。

图8-6

镜头3：从前景中拿起紫菜

场景从操作台转移到了桌子上，继续拍摄制作馄饨汤底的环节。场景上方的灯作为主光源，依然采用侧逆光取景。这一镜头表现的是前景取物的动作，拍摄从前景中拿食材通常会用到近景景别，根据食材大小或者容器深浅，拍摄视角从仰视角到45度视角不等，此短视频中拍摄这一镜头用到的是平视角。值得一提的是，由于紫菜本身颜色很暗，因此需要在装有紫菜的器皿附近放置白色泡沫板补光（图8-7），这样无论是紫菜还是人物手部都不会太暗。

图8-7

镜头4：将紫菜放入碗中

这一镜头采用特写拍摄，换回100mm微距镜头拍摄可以更好地表现食材的细节。拍摄食材落入碗中，我通常会用到非居中构图（图8-8），取景时裁切掉碗的一部分边缘，让观众的视线直接锁定在碗里。拍摄这一镜头最关键的问题就是对焦，可以先放入一些紫菜，手动对焦后拿起来，按下录制键后再重新将紫菜放入碗中，这样能够确保对焦精准（图8-9）。

图8-8

图8-9

镜头5：从前景中拿起虾皮

又是一镜"前景取物"。这一镜头采用近景、30度视角拍摄，因为虾皮盛在有点深度的容器中，平视角拍摄很难展示容器里的食材。这里有一个需要注意的细节——并不是所有的前景取物镜头都适合用平视角拍摄，我们的判断依据是以在画面中看到食材为宜（图8-10）。

说回场景上方的灯，从图8-11中可以看出，光线并不是完全垂直于场景，而是存在一定的角度，这样不仅能很好地避免人手取物时产生过重的阴影，还能有效避免过多的高光干扰。

图8-10

图8-11

镜头6：将虾皮放入碗中

这一镜头是强调食材品质和质感的特写，依然使用微距镜头来拍摄。向碗中放入食材时，人手与碗的距离不要过小，避免食物过快落入碗中，破坏画面节奏，在不穿帮的情况下，手拿虾皮轻放就可以（图8-12）。这一镜头采用非居中构图，和此前放入紫菜的画面不同，这次是食材位于左侧，右侧留白（图8-13）。这就是对非居中构图的灵活应用，不要拘泥于某一侧，而应根据布景和光位对其进行调整。

图8-12

图8-13

镜头7、8、9、10：向碗中加入调料

连续的4个镜头用同样的光位、景别、视角、机位拍摄。有些食物在制作时需要加入的调料非常多，如果全都逐一展示，容易使观众产生视觉疲劳，所以在这条《宵夜馄饨》短视频中，向碗中加入生抽、醋、盐、胡椒粉这4个步骤，会在后期剪辑时做分屏展示（图8-14）。4个步骤同时展示就不需要切换景别和视角，保持一致会让画面分屏看起来更舒适。这4个步骤都是向碗中加入调料，所以在拍摄时用了45度视角（图8-15）。对焦方式有两种，既可以对焦在碗中食材上，又可以对焦在调味瓶上。在45度视角下，这两种对焦方式都很合理。

图8-14

图8-15

镜头11：把切好的葱花放入碗中

拍摄葱花落入碗中的画面时，采用30度视角（图8-16），对焦在盛装葱花的碟子的边缘，且提前手动对焦，这样拍摄出的画面就不会有虚焦感。从图8-17中可以看出，人物的站位发生了变化，从桌子的后侧转移到了前侧，这样调整是为了方便在侧逆光下对焦，避免背景被人物身体遮挡，而且很适合一个人拍摄时，近距离按下录制键。

图8-16

图8-17

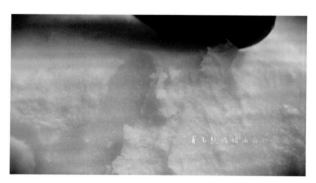

图8-18

图8-19

图8-20

镜头12、13：舀取一勺猪油，把猪油放入碗中

这是特写镜头和近景镜头的衔接。舀取猪油时的特写镜头让整个屏幕被食材填满（图8-18），这也是美食短视频表现食物质感时比较有视觉冲击力的一种拍摄方式。拍摄特写镜头时，将微距镜头推到最近对焦距离（图8-19），用45度视角拍摄猪油被舀取的瞬间。而在拍摄把一勺猪油放入碗中时，景别大一些，为近景（图8-20）。这是因为如果连续几镜都是扑面而来的特写，会造成视觉上的"拥堵感"，适时调整视觉上的远与近，可形成一种有趣的推拉效果。

镜头14：锅中煮制馄饨时的场景（空镜头）

现在拍摄馄饨煮制的场景。因为这条短视频的剪辑时长在60秒以内，我们前面花了大量的时间去记录一碗馄饨汤底的制作，所以对煮馄饨的过程做了简化，用空镜头表现煮制馄饨的时间过程（图8-21）。这个镜头用摇镜的方式拍摄，蒸腾的热气和夜晚的安静形成了对比，让深夜食堂的氛围感得到强化。从图8-22中不难看出，这一镜头用平视角来表现场景，画面上方给蒸腾的热气也留了足够的空间。

图8-21

图8-22

镜头15、16、17、18：从锅中捞取馄饨，将馄饨放入碗中，再舀取一勺馄饨放入碗中，向碗中加入一勺热汤

这3个动作很连贯，所以在拍摄时需要有整体衔接的思路。从锅中捞取馄饨时用的是45度视角（图8-23），对焦方式依然是先捞起一勺，再手动对焦，然后重新捞起。捞起后直接做向碗中倒入馄饨的动作，这样才能和下一个镜头很好地衔接。

将馄饨放入碗中的画面其实拍摄了好几镜，剪辑时根据节奏选取任意两镜。拍摄将馄饨放入碗中的画面时依然采取预先对焦的方式——手动对焦在勺子中的馄饨上，按下录制键后把馄饨倒入碗中。"加入热汤"这个动作的拍摄和以上步骤完全一致（图8-24）。

图8-23

图8-24

镜头19、20：将一碗煮好的馄饨放入场景中，碗中馄饨的口感表现

现在来看整条短视频的拍摄尾声——将做好的馄饨端上餐桌进行展示。如果把整条短视频按拍摄单元划分，那么第一单元是准备食材，第二单元是调制汤底，第三单元是煮馄饨，现在就是第四单元——准备吃馄饨。

这个动作我拍摄了两镜。一镜是垂直俯拍（图8-25），镜头位于场景上方，人物走过来把馄饨放入场景，最终画面如图8-26所示。这一镜在剪辑的时候被用作了短视频的开篇镜头。另一镜将拍摄视角，调整为30度视角（图8-27），这样就有两个不同的素材可以应用在短视频的开始与结束部分了。

镜头20是馄饨的特写（图8-28）。拍摄美食短视频时，创作者要时刻思考该用哪一镜去刺激食欲，不要一味地追求大场景的表现，出锅的馄饨唯有特写才会让观众在这一秒咽口水，然后说："看饿了。"

图8-25

图8-26

图8-27

图8-28

镜头21：人物坐在餐桌前吃馄饨的背影

如果这条短视频不需要人物进行串联，其实到镜头20时就可以结束了。但是如果想进一步表现"一个人的宵夜"这个主题，就要拍摄人物吃馄饨的场景。

这一镜头拍摄的是人物的背影（图8-29），而不是直接拍摄人物的表情，这是因为一人食的"安静、温暖、孤独"在背影下会得到凸显。如果拍摄人物正面，画面情绪会轻松一些。大家可以根据拍摄需求灵活调整拍摄方式。

至此，这条美食短视频的拍摄过程就讲解完了，最终的作品请扫描本页二维码观看。用人造光源可以营造多种氛围，这个实拍案例只表现了其中一种，更多布光方法可参见本书第7章。需要注意的是，无论哪种布光方法，它的底层逻辑都是营造场景的"自然感"。希望你能在尝试不同的布光方法后找到适合自己的风格，拍摄出诱人的美食短视频。

扫码观看视频

图8-29

第九章

剪映专业版
后期剪辑入门

剪辑思路梳理

完成素材拍摄后，就进入后期剪辑流程了。在开始介绍剪辑软件之前，我们先来梳理一下短视频的剪辑思路。明确剪辑流程可以帮助我们更加高效地完成短视频的后期处理。

通常情况下，我会按照以下流程来剪辑短视频。

1. 素材整理

我们在前期往往会拍摄大量素材。在剪辑前对素材进行分类和整理，会为后续的剪辑及素材备份存档提供非常大的帮助。

2. 素材的导入及项目管理

良好的素材导入习惯及适合自己的项目管理方式可以最大限度地提升剪辑前期的工作效率，缩短工作时间。

3. 时间线上的粗剪

粗剪包括将每段素材的冗余部分去除，同时对素材的画面进行校正，为精剪打好基础。

4. 声音的导入和处理

声音是短视频非常重要的组成部分，好的声音能够让短视频更有感染力，因此声音的处理也是剪辑过程中非常重要的一个环节。

5. 时间线上的精剪

精剪能够让短视频的节奏和情绪更加符合创作者的意图，同时也能够让短视频的个人风格得以凸显。精剪阶段是短视频剪辑风格形成的主要阶段。

6. 影调和色调的调整

对短视频的影调和色调进行调整，可以让短视频前后画面的视觉风格统一，同时还可以进一步塑造个人风格，让短视频的视觉表达更加具有吸引力。

7. 转场和字幕

转场和字幕等包装元素的加入，可以让短视频的表达趋于完美。好的包装能够给短视频锦上添花，让观众得到更加美好的视听体验。

8. 作品的导出

正确导出可以让短视频在上传社交平台和传播的过程中画面细节得到更好的保留，避免短视频文件被平台及设备压缩而损失画质。

剪映专业版的下载和安装

在浏览器中打开剪映官网，网页会根据当前计算机的系统提供对应版本的下载渠道，单击"立即下载"按钮就可以下载安装文件了（图9-1）。下载后双击安装文件，按照引导完成安装，软件就可以使用了。剪映专业版的下载和安装是免费的。

若使用的是苹果计算机，可以在App Store中搜索"剪映专业版"（图9-2），单击"获取"按钮进行一键安装。

图9-1

图9-2

认识界面

打开剪映专业版（以下简称"剪映"）之后，在这个界面里，我们可以登录账号、管理草稿以及进入剪辑界面（图9-3）。登录账号时，系统会提示开通会员，剪映会员可以享有更大的云空间和更多的剪辑素材，大家可以根据自己的需要选择是否开通。

图9-3

在草稿管理窗口，我们可以看到已经被处理过的剪辑草稿列表，把鼠标指针放到草稿缩略图上时，缩略图右下角会出现"…"按钮，单击该按钮，在弹出的菜单中可以对草稿进行上传、重命名、复制、删除等操作（图9-4）。

图9-4

单击草稿缩略图或者"开始创作"按钮，就可以进入剪辑界面（图9-5）。剪映的剪辑界面由4个部分组成。第一个部分是素材管理面板（图9-6），剪辑过程中使用的各种素材和特效等都集成在这个面板中，我们拍摄的视频素材也可以通过这个面板导入。第二个部分是播放器面板（图9-7），在这个面板中可以查看正在播放或预览的素材。第三个部分是位于界面最右侧的检查器面板。当未选择时间线上的素材时，在检查器面板中可以查看并修改草稿参数（图9-8）；当选择时间线上的素材之后，检查器面板会显示剪映提供的剪辑工具（图9-9）。第四个部分是位于界面底部的时间线面板（图9-10），它是剪辑界面中最重要的面板，短视频的整个剪辑流程都与时间线息息相关，在时间线的上方，剪映提供了不同的剪辑工具和时间线控制工具，方便用户在剪辑过程中快速选择。

图9-5

图9-6

图9-7

图9-8

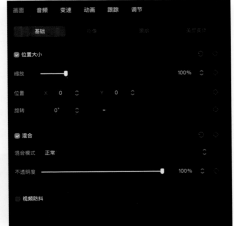

图9-9

图9-10

导入工程或素材

剪映支持导入Premiere及Final Cut Pro中的剪辑项目，因此我们可以把Premiere或Final Cut Pro中的剪辑项目导入剪映继续剪辑，导入时只需要在剪映的草稿管理窗口中单击"导入工程"按钮（图9-11），找到Premiere或Final Cut Pro输出的XML文件并打开，素材和时间线会自动导入剪映的剪辑界面。

图9-11

如果直接使用剪映剪辑，则可以在草稿管理窗口中单击"开始创作"按钮，然后在剪辑界面单击"导入"按钮（图9-12），在弹出的对话框中选择所需素材，再单击"导入"按钮，就可以将素材导入剪映了。

除此之外，也可以直接将所需要的素材选中后拖曳到素材管理面板或时间线上，完成素材的导入。需要注意的是，如果素材不是按照脚本顺序拍摄的，则不能直接将其拖曳到时间线上，否则时间线上的素材是混乱的，需要按照脚本顺序重新调整后才能开始剪辑。

图9-12

时间线上的粗剪

将所有需要的素材按照脚本顺序拖曳到时间线上后，就可以开始粗剪了。在粗剪阶段，我们主要需要完成两个任务：第一个是将每一段素材冗余的部分去除，留下可用的部分；第二个是对素材画面进行矫正。

在去除素材冗余部分时，我们会用到时间线上的选择工具和分割工具。

1.选择工具

选择工具是剪辑过程中最常用到的工具之一，也是剪映默认选用的剪辑工具（图9-13），使用选择工具，可以将素材管理面板中的素材拖曳到时间线上，也可以拖动时间线上的素材调整顺序。选择时间线上的一段素材，并把鼠标指针移动到素材的头部或尾部时，选择工具的图标会发生变化（图9-14），此时按住鼠标左键并向左右拖动，就可以对素材的头尾进行修剪。如果素材的头尾有冗余的部分，就可以通过这种方式将冗余部分隐藏起来。

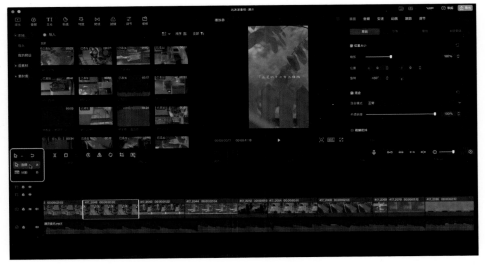

图9-13

图9-14

2. 分割工具

当素材中间有需要舍弃的部分时，就可以使用分割工具（图9-15）将素材分割开，再将需要舍弃的部分删除。选择分割工具之后，鼠标指针会变成刀片形状（图9-16），在需要分割的位置单击，素材就会被分割开，之后再选择选择工具，就可以选中被分割出的部分，然后按键盘上的删除键将其删除。

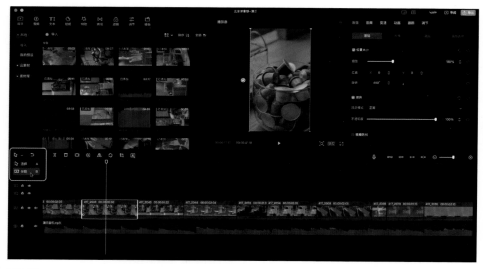

图9-15

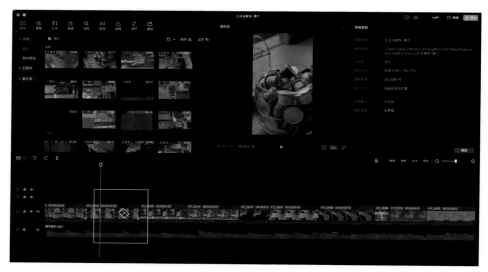

图9-16

3. 倾斜校正

当画面中的主体倾斜时，我们可以使用旋转和缩放工具来对画面进行校正。例如当前画面中的玻璃杯是略向左倾斜的（图9-17），因此我们可以使用旋转工具将整个画面顺时针旋转1度（图9-18），再将整个画面放大（图9-19），从而把旋转造成的画面黑边覆盖掉，这样画面中的玻璃杯就不再是倾斜的了。需要注意的是，在做放大处理时，如果项目的导出分辨率和拍摄分辨率相同，放大比例尽量不要超过10%，不然会对画质造成损伤；如果拍摄分辨率高于导出分辨率，则可以根据实际情况进行进一步放大处理。

图9-17

图9-18

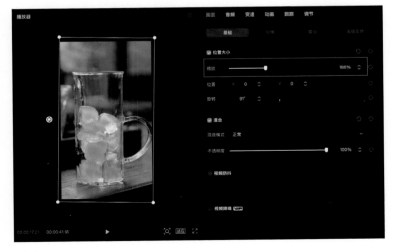

图9-19

声音的导入和处理

剪辑过程中需要处理的声音主要包括音乐、音效、人声及环境音等。对这些声音的处理主要有以下几方面内容。

1. 声音的导入及剪辑

除了运用在录制视频时同期收录的声音，在剪辑过程中，我们也可以导入其他声音素材。剪映提供了大量的音乐和音效素材，可以在素材管理面板中单击"音频"选项（图9-20），然后在音乐或音效素材界面中按照分类（图9-21）寻找自己想要的声音。单击素材就可以试听，单按素材右下角的"收藏"或"添加"按钮（图9-22），就可以对素材进行收藏或将其添加到时间线上。收藏的素材方便在以后的剪辑过程中快速找到，而添加到时间线上的素材可以结合短视频内容进行进一步剪辑处理。

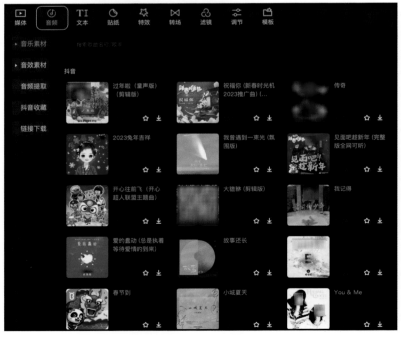

图9-20

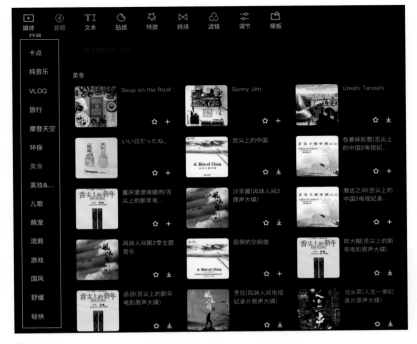

图9-21

图9-22

2. 音量调整

剪映对音量的调整有两种方式：一种是在时间线上选择声音片段，随后在音频面板中左右拖动"音量"滑块（图9-23）；另一种是将鼠标指针放到声音波形上白色横线的位置，按住鼠标左键上下拖动（图9-24）。注意，音量的调整不应该以我们耳朵听到的音量作为评判标准，由于计算机声音设备和音量设置的不同，耳朵听到的音量可能是不准确的，如果我们要对音量进行精准控制，可以打开音频指示器作为参考。在播放器面板下方单击音频指示器图标（图9-25），时间线的最右侧会出现音频指示器，一旦播放声音，音频指示器上就会实时显示声音的波形。在调整音量时，我们需要注意不要让声音波形超过0的位置，如果声音波形超过了音频指示器上0的位置，则超出部分的声音会因为破音而失去细节。同时，我们要将最大音量和最小音量之差控制在12dB以内，否则超出范围的声音可能会无法被观众听到。

图9-23

图9-24

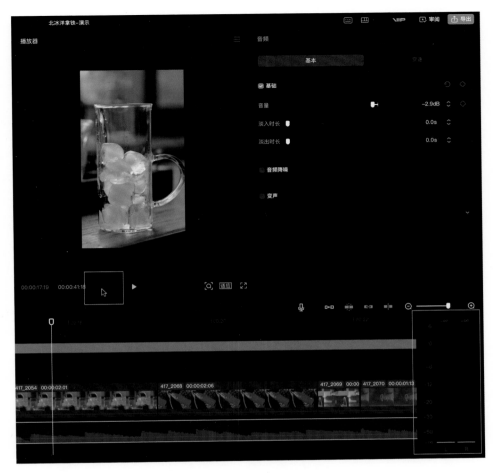

图9-25

3. 淡入淡出

　　淡入淡出可以让声音的出现与结束不过于生硬，尤其是当我们所使用的背景音乐只是一首乐曲的一部分时。淡入可以让音量从零开始慢慢提升到正常水平，淡出可以让音量从正常水平开始慢慢减弱到零，这样可以让观众的听觉感受更加自然。在操作时，控制淡入淡出有两种方式：一种是选择声音片段后在音频面板中拖动"淡入时长""淡出时长"滑块进行控制（图9-26），另一种是直接在时间线上声音片段的两端，使用鼠标左键拖动头尾的滑块（图9-27），也可以控制淡入淡出的时长。这两种方式实现的效果是完全相同的。

图9-26

图9-27

4. 声音的速度调整

在一些情景中，我们需要对声音进行变速处理，这时可以先选择声音片段，然后在音频面板中单击"变速"选项，然后拖动"倍数"滑块对声音的速度进行调整（图9-28）。

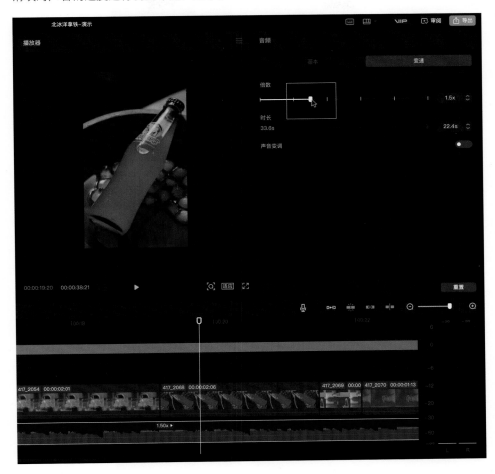

图9-28

5. 录音

当需要录制旁白或者其他声音时，可以使用录音功能。单击时间线面板右上角的"录音"按钮（图9-29），就可以打开录音窗口（图9-30），在录音窗口中可以选择使用内置麦克风或者外接麦克风进行录制，勾选"回声消除"和"草稿静音"复选框后，就可以单击"录制"按钮进行录制了。我们可以根据实际情况对"输入音量"进行调整，录制的声音会自动添加到时间线上。

生活感美食短视频

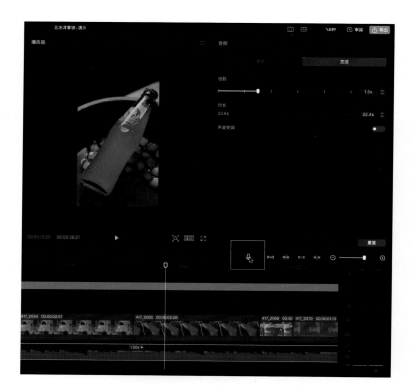

图9-29

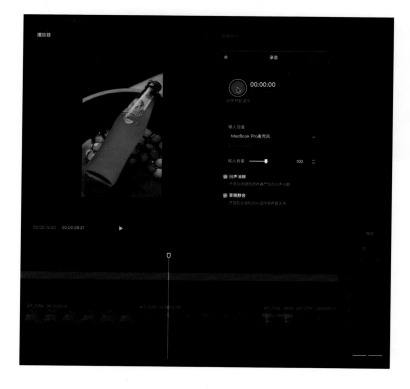

图9-30

时间线上的精剪

当处理完声音后，我们就要开始对短视频进行精剪了。在精剪阶段，我们主要需要处理以下几方面内容。

1. 画面内容的处理

（1）镜像

在某些特殊情况下，我们可能需要对画面进行翻转。例如当前画面中，演员左手在低处，右手在高处（图9-31），如果我们需要将左右手位置互换，就可以在时间线上选择镜像工具（图9-32）。单击"镜像"按钮后，如果是横版视频，画面会直接被翻转；如果是竖版视频，需要再单击"旋转"按钮两次（图9-33），就可以得到翻转效果了（图9-34）。

图9-31

图9-32

生活感美食短视频

图9-33

图9-34

（2）分屏

在美食短视频剪辑中，分屏也是经常会用到的操作，分屏可以让多个重复动作在同一屏展示出来，避免观众产生视觉疲劳。在分屏时，我们需要先把同一屏的素材叠放在时间线上，并把它们调整为相同时长，然后对每段素材分别进行剪裁（图9-35）和移动，从而使每段素材各占屏幕的一部分（图9-36），这样，简单的分屏效果就做好了。

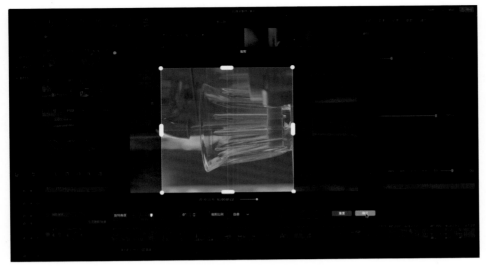

图9-35

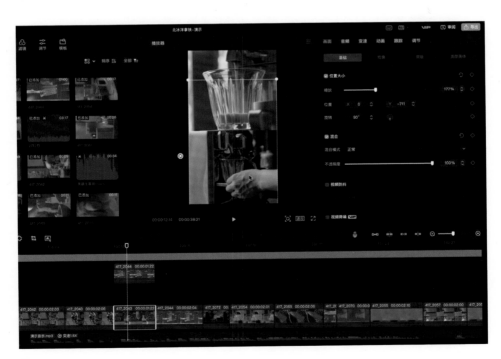

图9-36

（3）关键帧

使用关键帧可以让素材随着时间推移而发生简单变化。灵活使用关键帧可以得到很多有创意的效果，例如让画面逐渐放大或缩小，或让画面从可见变成渐渐不可见。

下面通过给画面做一个放大效果来讲解关键帧的应用。首先将播放头放在放大的起始帧，在缩放选项的右侧单击"添加关键帧"按钮（图9-37），再将播放头放到放大的结束帧，然后向右拖动"缩放"滑块，放大画面（图9-38），这时软件会在结束帧自动添加一个关键帧，把播放头放回起始帧再进行播放，就能得到画面逐渐放大的效果了。关键帧的应用有很多，添加关键帧的操作可以按照上述方法进行，从而实现不同的创意效果。

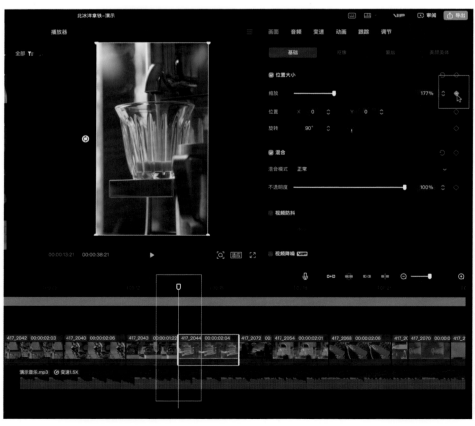

图9-37

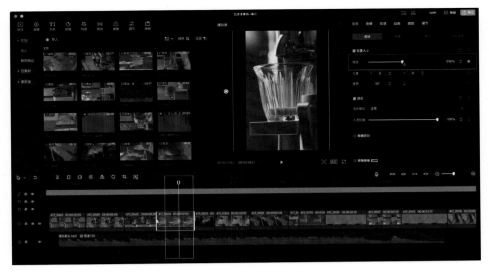

图9-38

2. 画面速度的处理

对画面速度的处理主要包括定格、倒放及变速几个方面，下面我们逐一来看一下这几个方面的处理方法。

（1）定格

定格是指让某一帧画面凝固，其原理是选出要定格的帧后将这一帧占用的时长拉长。在剪映中，实现定格非常简单，首先在时间线上选取要定格的画面，将播放头放到这一帧，然后单击"定格"按钮（图9-39）就可以将这一帧定格，剪映会在时间线上紧邻这一帧生成一个新的片段（图9-40），我们可以根据需要对片段的时长进行调整。

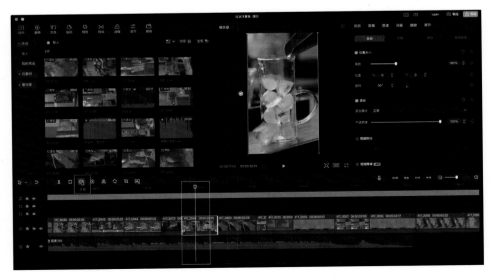

图9-39

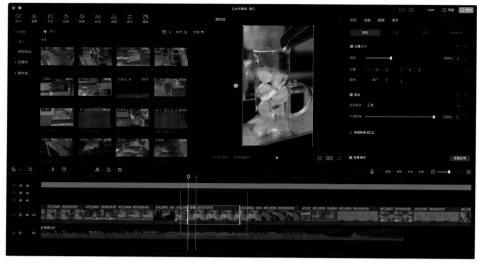

图9-40

（2）倒放

　　倒放是指将一段素材从后向前播放，在某些特定情况下，倒放可以产生出其不意的戏剧效果。例如这个向杯子里倒入冰块的片段（图9-41），如果进行倒放，则可以出现冰块从杯子里飞出来的画面。使片段倒放的操作十分简单，在时间线上选择要倒放的片段，单击"倒放"按钮（图9-42），软件便开始制作倒放片段（图9-43），制作完成后，原片段就已经是倒放状态了。

图9-41

图9-42

图9-43

（3）变速

变速是指对素材的播放速度进行控制。在剪映中，变速操作可以分为常规变速和曲线变速，在时间线上选择要进行变速的片段后，打开变速面板（图9-44），就可以看到"变速"选项。

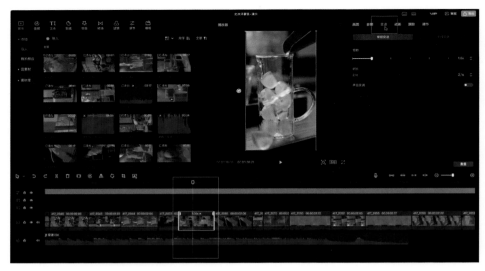

图9-44

在常规变速面板中，可以加快或减慢片段的整体速度，既可以按照倍数进行调整，也可以按照片段持续时长进行调整。按照倍数进行调整，可以准确控制播放速度；按照片段持续时长进行调整，则可以精确地控制片段所占用的时长。我们可以根据实际情况进行选择。

除了在变速面板中进行速度控制，我们还可以在时间线上直接进行操作。选择片段后将鼠标指针移动到片段上方速度倍数旁边的三角形按钮上，单击该按钮就可以按照倍数进行加速或减速调整（图9-45）；也可以在选择时间线上的片段后，左右拖动片段上方左右两侧的梯形按钮（图9-46），按照倍数快速进行速度的调整。

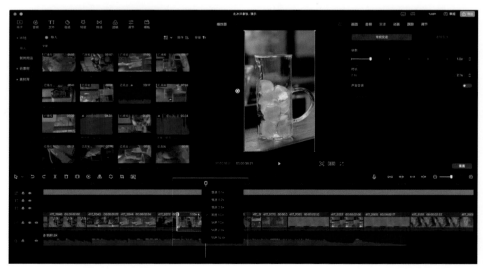

图9-45

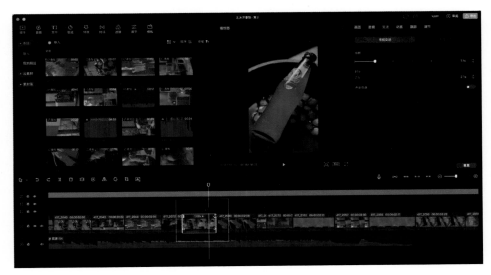

图9-46

当我们对素材进行减速处理时，软件会自动增加"智能补帧"选项（图9-47），这是因为进行减速操作时素材的帧数会不足，需要补充一定的帧画面素材才可以流畅播放。勾选"智能补帧"复选框后，剪映提供了两种补帧方式，分别是帧融合和光流法（图9-48）。帧融合的处理速度比较快但是效果稍差，光流法的处理速度慢但效果更好，因此一般推荐使用光流法进行补帧。

注意，如果我们在后期有慢速播放素材的需求，应该尽量在前期使用升格镜头来记录素材，这样可以给后期创造足够的减速空间。不然就算是使用光流法补帧，也依然没办法得到和升格素材一样的流畅度。

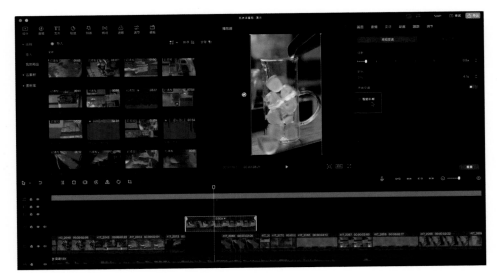

图9-47

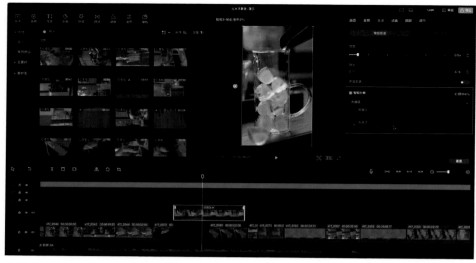

图9-48

在曲线变速面板中，我们可以对一段素材进行不同播放速度的控制。剪映提供了多个曲线变速的模板（图9-49），选择模板后，素材会按照模板的速度曲线进行速度调整。同时剪映会提供速度曲线的控制图，我们可以拖动速度曲线上的控制点，对速度曲线进行调整（图9-50），从而实现自己想要的准确效果。如果选择"自定义"选项，可以完全自主地进行速度控制。需要注意的是，在进行曲线变速时，如果减速后的帧速率已经低于拍摄时的帧速率，同样需要补帧才可以得到相对流畅的画面效果。

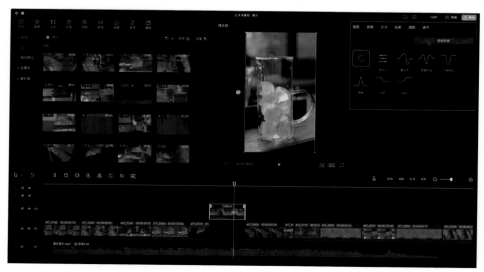

图9-49

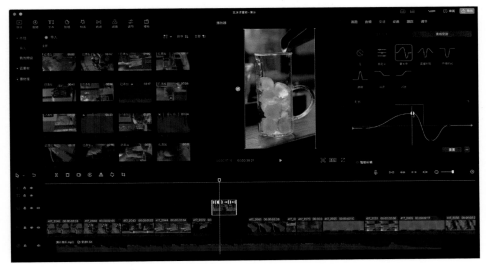

图9-50

3. 剪辑节奏的控制

　　一部影片的剪辑节奏体现了剪辑师对影片的思考和创意表达，剪辑节奏控制则是后期非常核心的创作过程。相同的素材在不同的剪辑师手中会呈现出各不相同的视听效果，这一过程既有主观的判断，也有需要遵循的客观规律，其中音乐往往会对剪辑节奏起到很大的带动作用，因此剪映提供了踩点工具，方便我们在剪辑时判断切换画面的时机。选择时间线上的音频片段，时间线上方的工具栏中会出现踩点工具按钮（图9-51），软件会根据情况判断是否能够提供自动踩点功能。单击"自动踩点"按钮，软件会提供不同密度的踩点选项，选择踩点选项后，软件会在音频片段上添加黄色标记（图9-52），标记点就是踩点位置，我们在剪辑时就可以根据踩点位置选择切换画面的时机。如果软件不能提供自动踩点功能，也可以进行手动踩点，对音频片段上的节点进行标记，从而方便剪辑时参考。

图9-51

图9-52

影调和色调的调整

调色是后期处理中非常重要的环节，它既可以还原真实的影像色彩，还可以通过加入不同的色彩偏好得到独特的作品风格，从而给观众留下深刻的印象。

我们通常会通过两个步骤对影调和色调进行调整。第一步是一级调色，在一级调色中，我们会对画面整体进行曝光、对比度、饱和度及色调调整。第二步是二级调色，在二级调色中，我们会对画面中的某个对象或某种颜色进行单独调整，从而达到调色目的。接下来讲解如何使用剪映的调色工具进行调色。

1. LUT和基本调节

LUT也被称作"颜色查找表"，它本身是一组数据，使用LUT可以对素材进行颜色转换。当下大部分微单相机都可以像摄影机一样提供log模式的拍摄选项，log模式提供更宽的动态范围从而获得更大的调色空间，log模式拍摄的素材在后期配合使用LUT可以快速完成素材的色彩还原。

各个相机品牌都会在官网提供LUT的下载渠道，下载后我们可以将LUT导入剪映。单击剪辑界面左上方的"调节"按钮，选择"LUT"选项（图9-53），就可以进入LUT管理窗口，单击"导入"按钮，在弹出的窗口中找到下载的LUT文件，就可以将LUT文件导入剪映。LUT有两种使用方式：第一种是直接在LUT管理窗口中单击"添加"按钮或将LUT文件拖到时间线的上方，之后调整长度使其覆盖需要使用LUT的区域（图9-54）；第二种是选择时间线上需要调整的片段，打开调节面板（图9-55），勾选"LUT"复选框后就可以选择使用已经导入的LUT文件（图9-56）。

在剪映的调节面板中，我们还可以对片段进行基本的颜色调整（图9-57），调整工具主要包括色彩、明度和效果3个部分。通过这3个部分提供的工具，我们可以对画面进行曝光、对比度、饱和度及色调的校正，这些都是一级调色的重要内容。

图9-53

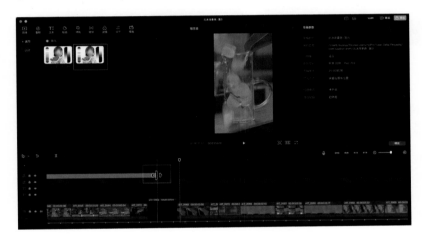

图9-54

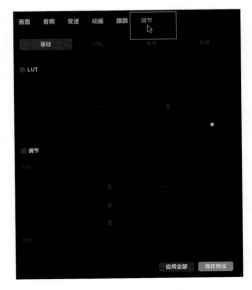

图9-55

图9-56

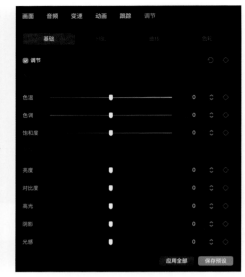

图9-57

2. 滤镜的选择和使用

剪映提供了非常多的滤镜供用户选择，滤镜可以方便快速地实现作品的风格化。单击剪辑界面左上方的"滤镜"按钮（图9-58），就可以打开剪映的滤镜库。剪映已经按照使用场景对滤镜进行了分类整理，单击滤镜图标，用鼠标指针在滤镜图标上左右滑动，就可以预览滤镜应用在当前片段上的效果（图9-59），单击滤镜图标上绿色的加号按钮，就可以将滤镜添加到时间线上。在时间线上左右延展滤镜，就可以扩大滤镜的覆盖范围。在剪辑界面右上角的滤镜面板中可以对滤镜强度进行调整（图9-60），如果觉得滤镜效果过于浓郁，可以适当降低滤镜的强度，从而得到更加自然的画面。

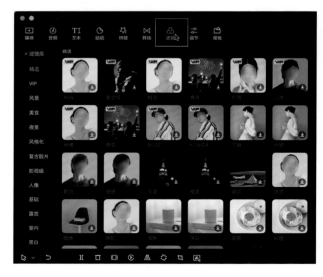

图9-58

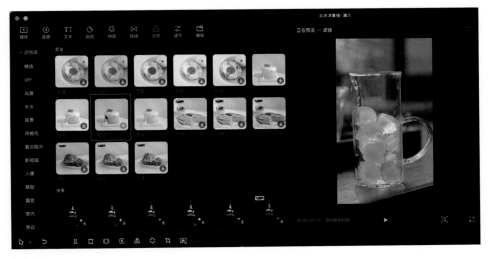

图9-59

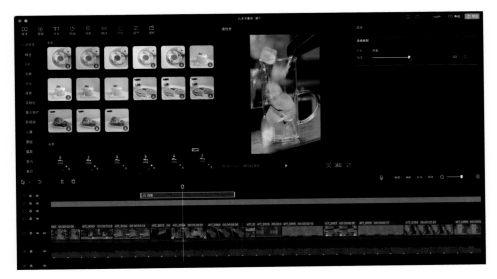

图9-60

3. HSL工具的使用

　　基本调节和滤镜的使用都同属于一级调色的范畴，都是对画面整体进行控制和调整，而HSL工具则用于对画面中的色彩进行单独调整，这属于二级调色。在调节面板中单击"HSL"选项后，从图9-61中可以看到，HSL工具将画面中的颜色分成了8种，又为每种颜色设置了色相、饱和度及亮度3个调整工具。通过这些调整工具我们可以对画面中的颜色进行选择性的处理，让画面的色调更接近我们想要的效果。

图9-61

4. 色轮工具的使用

色轮工具也是重要的二级调色工具。单击调节面板中的"色轮"选项，就可以看到色轮工具（图9-62）。剪映的色轮分为一级色轮和log色轮，它们的区别主要是影响范围不同，log色轮对光线分区的影响要小于一级色轮。

图9-62

我们以一级色轮为例进行讲解。色轮工具包含4个外观相同的色轮，分别对应着画面中的阴影部分（暗部色轮）、中间调部分（中灰色轮）、高光部分（亮部色轮）及画面整体（偏移色轮）。每个色轮的左侧是饱和度调整工具，上下拖动箭头状滑块可以对该色轮控制区域的饱和度进行增减（图9-63）；每个色轮的右侧是亮度调整工具，上下拖动箭头状滑块可以提高或降低该色轮控制区域的亮度（图9-64）；每个色轮中间的圆点是色彩偏移工具，由中心向周围拖动圆点可以为该色轮控制区域填充对应的颜色（图9-65）。通过色轮，我们可以快速调整画面中不同亮度区域的饱和度及亮度，也可以给不同区域填充颜色从而得到个性化的画面。

图9-63

图9-64

图9-65

转场和字幕

1. 转场的选择和使用

转场是不同镜头切换时的过渡效果，合理添加转场可以让画面的过渡更加自然流畅。

剪映内置了大量的转场效果，在剪辑界面左上方单击"转场"按钮（图9-66），就可以打开剪映的转场效果库。添加转场效果时，先将播放头放到时间线上需要添加转场效果的片段连接点处，然后在转场效果库中选择喜欢的转场效果，单击转场效果图标右下角的下载按钮将转场效果下载到本地，下载完成后转场效果图标右下角变为加号按钮，单击加号按钮，就可以把该转场效果添加到时间线上（图9-67）。拖动时间线上转场效果片段的两端或在右上角的转场的面板中拖动"时长"滑块，就可以调整转场效果占用的时长。

需要注意，并不是每两个相邻的片段之间都需要添加转场效果，而是要根据实际情况进行添加，合理添加转场效果可以给作品加分，而过多的转场效果只会让作品变得混乱。

图9-66

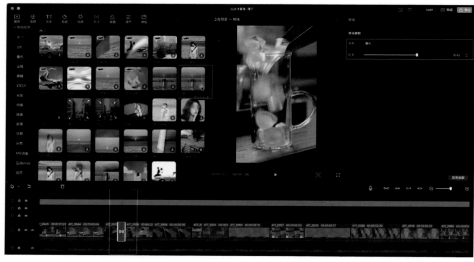

图9-67

2. 字幕的选择和使用

　　适当添加字幕可以让作品的视觉效果更加饱满，同时也可以加深观众对创作者创作意图的理解。

　　在剪辑界面左上角单击"文本"按钮，就可以打开剪映的字幕窗口（图9-68），单击"默认文本"的添加按钮，就可以在时间线上增加一段字幕。在时间线上拖动字幕条两侧可以对字幕时长进行调整，在右上角的文本面板中可以对字幕进行编辑（图9-69）。在剪映中，除了常规的文本编辑，还可以给字幕添加动画和跟踪效果，也可以朗读字幕，将其转换成旁白，为作品添加新的配音元素。除了默认文本，剪映还提供了大量的花字和文字模板（图9-70），有需要时可以选择使用，使用方法和默认文本是相同的，不再赘述。

图9-68

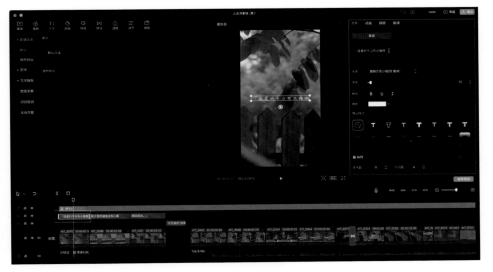

图9-69

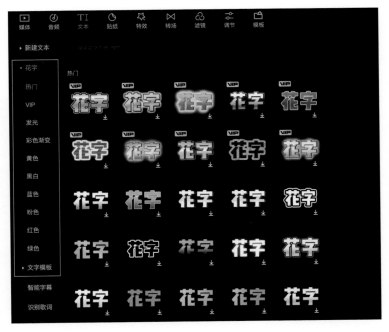

图9-70

3. 字幕识别

字幕识别是剪映非常好用的一种功能，通过智能字幕识别，可以迅速将旁白转化成字幕，省去了手动输入字幕的烦琐过程。经过多次升级迭代，剪映识别字幕的功能逐步完善，音频中人声的识别成功率已非常高。在"智能字幕"选项中找到"识别字幕"，并单击"开始识别"按钮（图9-71），剪映就开始将音频中的人声转化成字幕（图9-72），转化完成后，字幕会被添加到时间线上对应的位置（图9-73）。选择字幕，可以对字幕内容进行检查和调整，这一功能大大提高了字幕添加的效率，可以帮我们节省大量的剪辑时间。

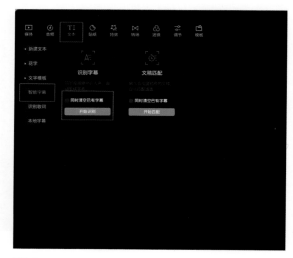

图9-71

图9-72

图9-73

作品的导出

完成作品的剪辑之后，就需要对作品进行导出了。单击剪辑界面右上角的"导出"按钮，就可以打开"导出"对话框（图9-74）。在"导出"对话框（图9-75），可以对作品进行重命名和更改导出位置，也可以对作品的导出方式进行设置，通常我们要上传短视频至网络，建议分辨率选择1080P，使用推荐码率，编码选择H.264，这样可以最大限度地避免因画面被压缩而导致画质下降。如果上传的平台或创作者对分辨率等参数有其他要求，也可以按照对应的要求进行设置。

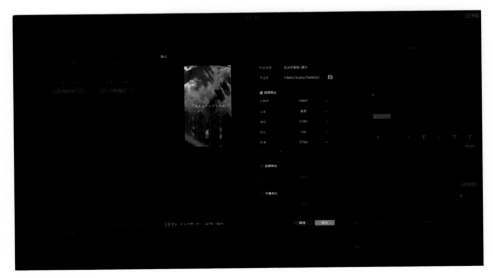

图9-74

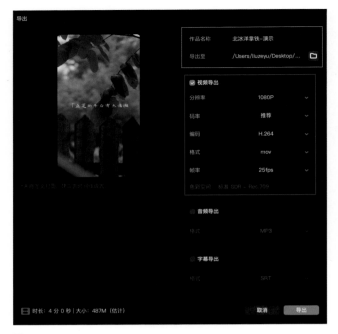

图9-75

如果需要将作品的声音单独导出为音频文件，也可以在导出时勾选"音频导出"复选框（图9-76），剪映能够导出MP3、AAC等不同格式的音频，创作者可以根据需求进行选择。

图9-76

如果需要将剪映生成的字幕用于其他剪辑软件，可以勾选"字幕导出"复选框（图9-77），根据需求选择字幕格式并导出生成字幕文件。

图9-77

以上选项都设置好后，单击"导出"按钮，剪映就开始导出作品了。在"导出"对话框中会显示进度条和"取消"按钮（图9-78），如果临时发现还有需要调整的内容，可以单击"取消"按钮以中断导出过程，如果不需要调整，则等到进度条填满后，作品就会被导出到指定位置，剪辑工作也就完成了。

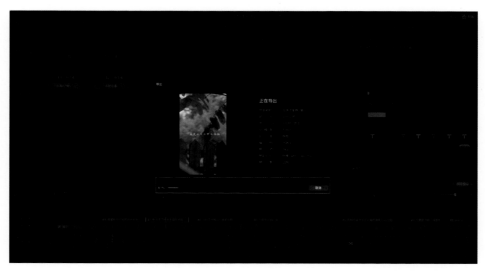

图9-78

后记

只是开始

这本书完成于早春的北京，彼时旧食课堂刚刚结束一期美食视频课，我和来自天南地北的学生拥抱告别，然后坐在窗前，写下这些文字，放在这本书的最后。

视频时代的开启，让那些定格在照片中的美好开始有了"动"的可能。于是，往常以静态画面表现的对象也纷纷有了动态展现形式，哪怕只是一朵花，也可以通过视频的形式去呈现它从含苞待放到肆意盛开的全过程。

看完这本书后，希望你在学会拍摄生活感美食短视频的同时，也能学会营造美好的氛围，发现生活中那些触动自己的"空镜头"——故乡的风景、风中摇曳的风铃、阳光和煦处的纸鸢……这些都是生活中微不足道的至美之处。是的，它们如此平凡，却又如此值得深爱。

由于数码时代硬件设备日新月异，本书所提及的拍摄设备均为本书出版前我们所使用的，并非绝对的参考标准，切勿盲从。无论相机还是手机，都是记录生活的媒介，拥有发现美的能力才是最重要的。

由于纸质书籍无法把动态视频案例悉数展示给大家，如果想欣赏、参考更多旧食课堂的视频作品，可以关注公众号"旧食课堂"，也可在微博、图虫、抖音、站酷、Lofter、小红书、视频号等平台搜索"旧食"，查看更多作品。

书中观点是我与微尘老师的经验分享，定有不足之处，但已是当下我们经验的最大值。相信随着技术的不断进步，我们会有更多更好的心得告诉大家。

把这本书当作美食短视频拍摄的入门指南吧，和我一起记录人间烟火，不负这从容光景、自在韶华。

旧 食